さまざまな色のウミウシ（1～6）　**1**：アオウミウシ　**2**：シロウミウシ　**3**：チリメンウミウシ　**4**：アカテンイロウミウシ　**5**：レモンウミウシ　**6**：ダイオウタテジマウミウシ

隠蔽的擬態を行うウミウシ（1～6）　**1**：転石下のカイメンに擬態するクモガクレウミウシ　**2**：海草に擬態するウミナメクジ　**3**：紫色のカイメン上に棲むムラサキアミメウミウシ。産卵も同じカイメン上で行う　**4**：赤色のカイメンに擬態するヒボタンウミウシ　**5**：樹枝状のカイメンに擬態するドーリス類の一種　**6**：ウミアザミの一種*Xenia* sp. に擬態するラドマンミノウミウシ

さまざまなかたちのウミウシ（1～6） **1**：コンシボリガイ　**2**：カラスキセワタガイ　**3**：チギレフシエラガイ。右側の外套楯が千切れて、鰓（矢印）が見えている　**4**：シラタマツガルウミウシ（写真提供＝山田久子）　**5**：メリベウミウシ属の一種　**6**：ドーナツマツカサウミウシ

1：オカダウミウシ　**側足のあるウミウシ(2～4)**　**2**：ブドウガイ(写真提供＝山田久子)　**3**：コノハミドリガイ　**4**：ウツセミガイ(写真提供＝山田久子)　**ウミウシの口(5、6)**　**5**：コールマンウミウシ。白く丸い口の中に口球がある　**6** ホシゾラウミウシ。口の中央部分(矢印)が開き、歯舌の乗った口球が出てきて餌を削り取る(写真提供＝石川雅教)

ホンノリイロウミウシの出会いから交尾に至るまで（1～4） **1**：追跡者（左側）が前を行くウミウシの体の一部に触れる触れる。この段階で雄性生殖器（赤丸内）が体外に出始めている　**2**：前を行く個体が右にUターンする　**3**：雄性生殖器を出して交尾の準備　**4**：交尾する

5：ハンミョウカスミミノウミウシ。カスミミノウミウシ属のウミウシは砂地で見ることが多い　**6**：イロミノウミウシ（写真提供＝池田雄吾）

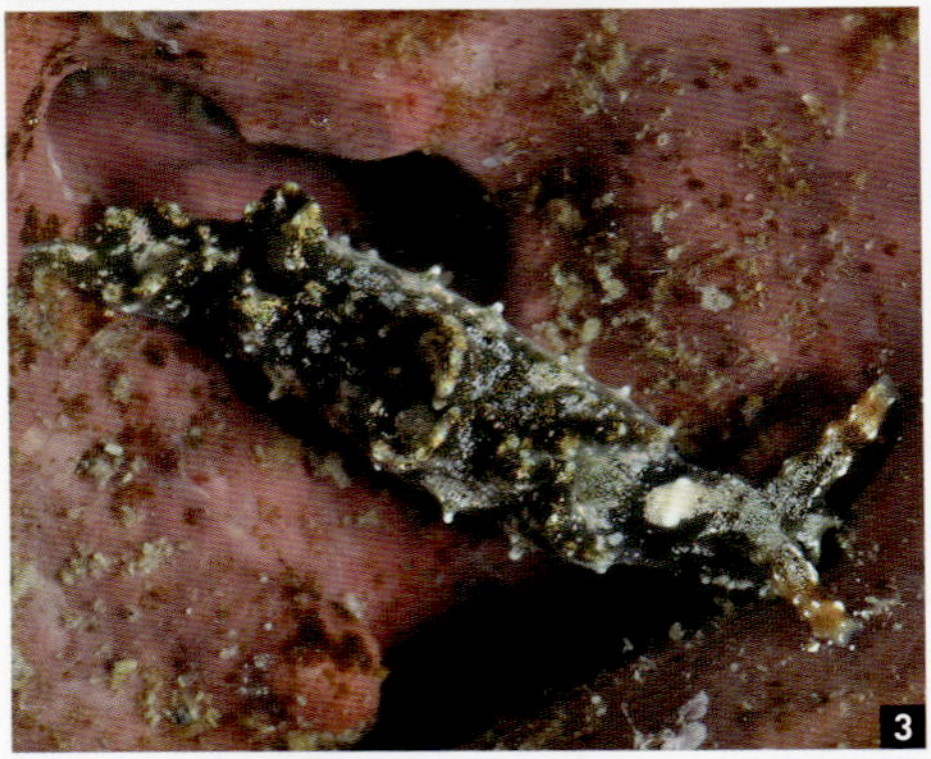

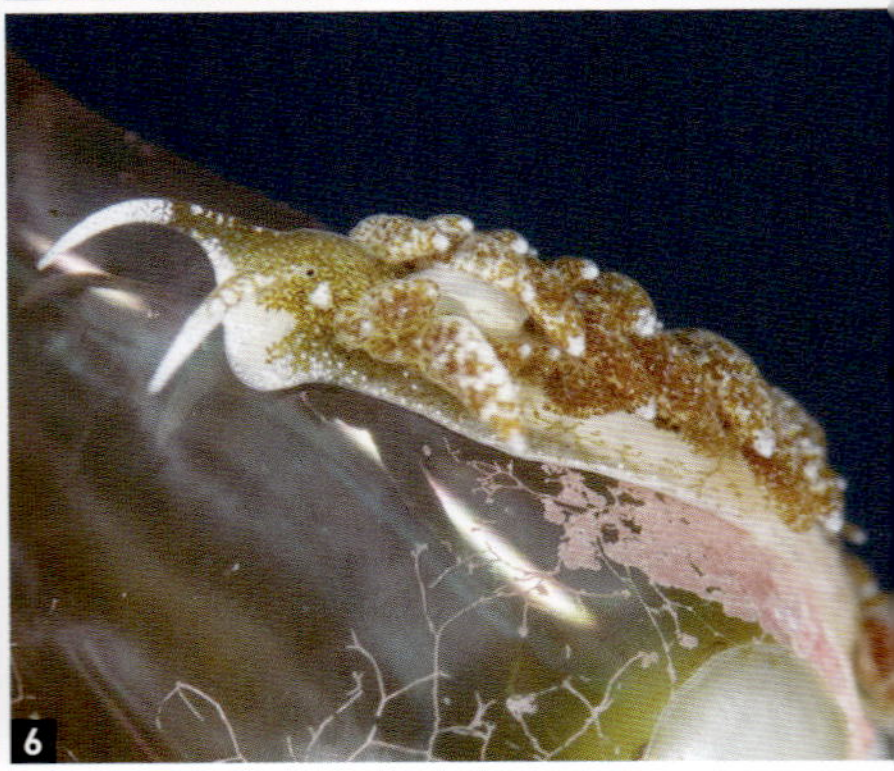

1：ハナデンシャ　**2**：ナギサノツユ　**3**：クロミドリガイ（写真提供＝竹内久雄）　**4**：カノコウロコウミウシ（写真提供＝井上なぎさ）　**藻体内食のウミウシ（5、6）**　**5**：*Ercolania endophytophaga*（写真提供＝佐藤智之）　**6**：バロニアモウミウシ（写真提供＝魚住亮輔）

後追い行動をとるウミウシ（1、2）　**1**：クモガタウミウシ（写真提供＝目﨑拓真）　**2**：アオモウミウシ（写真提供＝佐藤智之）　**ペニスを自切するウミウシ（3、4）**　**3**：シロタエイロウミウシ　**4**：シラナミイロウミウシ　**5**：バナナウミウシヤドリというコペポーダ（寄生性カイアシ類）に寄生されたリュウグウウミウシ。矢印はバナナウミウシヤドリの卵塊。スケールバーは３㎜（写真提供＝上野大輔）　**6**：アオミノウミウシ（写真提供＝田中幸太郎）

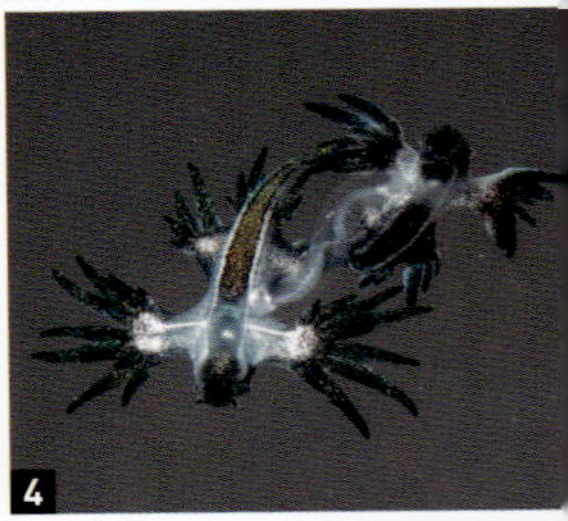

1：アオミノウミウシのカウンターシェーディング（写真提供＝田中幸太郎）　**2**：ヒダミノウミウシ。海表面を漂流物と一緒に漂い、漂流物に固着するエボシガイを餌にする（写真提供＝山田久子）　**3**：タイヘイヨウアオミノウミウシ（写真提供＝田中幸太郎）　**4**：タイヘイヨウアオミノウミウシの交尾（写真提供＝田中幸太郎）　**5**：ヤツミノウミウシ。スケールバーは5mm　**6**：シラツユミノウミウシ（写真提供＝今本淳）

ウミウシを食べてみた

中野理枝 著
Rie Nakano

文一総合出版

はじめに

今でこそ「ウミウシの研究をしてます中野です」と自己紹介をする私ですが、もともとはウミウシどころか海洋生物とは縁もゆかりもない文系の学部を卒業して広告代理店で働いていた、ごく普通の社会人でした。道を踏み外してしまった（?）そもそものきっかけは、友人に誘われて始めたダイビング。ダイビングすることそのものが楽しかった時代もあったのですが、いつしかダイビングは私にとってウミウシを探す手段となりました。

目の覚めるような色合いに奇抜な配色、凡人には思いもよらない奇天烈なデザイン。はじめのうちは見つけるたびに「きれい!」「かわいい〜」と喜んでいましたが、そのうち「なんでこんなに派手なの?」「このトゲトゲにどんな意味があるの?」と首をひねったり、「どんな味なのかしら」とついつい口にしてみたり。ウミウシ沼にハマるにつれて、フリーランスライター、社会人大学院生そして研究者へと名刺に載せる肩書は変わりました。ですが「海底にいるウミウシを探しまくり、見つける・観察（撮影）することを至上とする」ウミウシウォッチャーであることはハマった直後から今に至るまで変わらなかったように思います。

アウェーのただなか（詳しくは第1章）で自分がウミウシウォッチャーであることを自覚してから四半世紀。今やウミウシウォッチングはダイビングスタイルのひとつとして市民権を得るに至りました。しかし見つけたウミウシの名前がわかると満足し、ウミウシの野生動物としての側面には興味を抱かないウォッチャーも多いようです。そこで本書では、か弱そうなウミウシのその実したたかな生き方、水族館で気軽に見られない理由、いまだ謎だらけの生涯と、謎の解明に取り組む若き日本人研究者たちの努力と成果を（なるべく専門用語を使わずに）わかりやすくご紹介していきたいと思います。本書を通して、きれい・かわいいだけはないウミウシの魅力に気づいていただければ、ウミウシウォッチャー第1世代としてこんなにうれしいことはありません。「ウミウシカフェで同好の士とウミウシ談義をしてみたい」「次の週末は子供と一緒に磯にウミウシ探しに行ってみよう」などと思っていただければもう最高です。

なお本書はウミウシ前時代から今日に至るまでの私の個人史を縦軸に、ウミウシの行動生態学的な話題を横軸に構成しました。そのため話がウミウシにたどり着くまでに少々時間がかかります。私の個人史に興味のない人は、第1章に関しては第2節以外は適当に読み飛ばしてくださっても問題ありません。

それではこれより底知れぬウミウシ沼に、どうぞずぶずぶとお入りください。

ウミウシを食べてみた［目次］

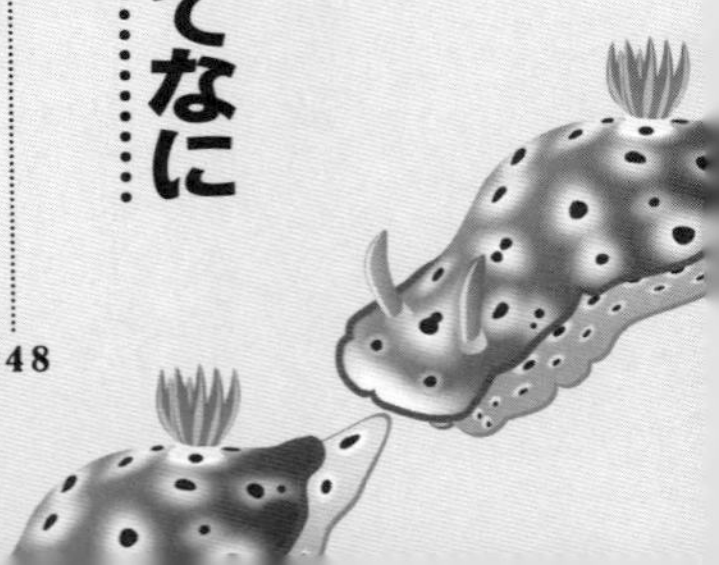

第3章 ウミウシを食べてみた

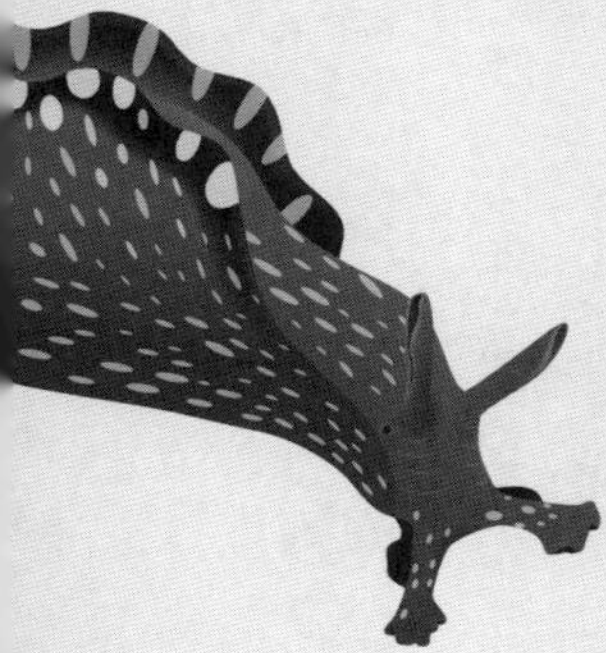

第4章 ウミウシの挙動不審な暮らしぶり

ウミウシを食べてみた［目次］

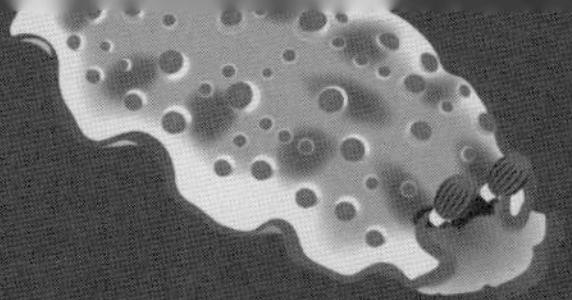

第1章 ウミウシ沼にハマるまで

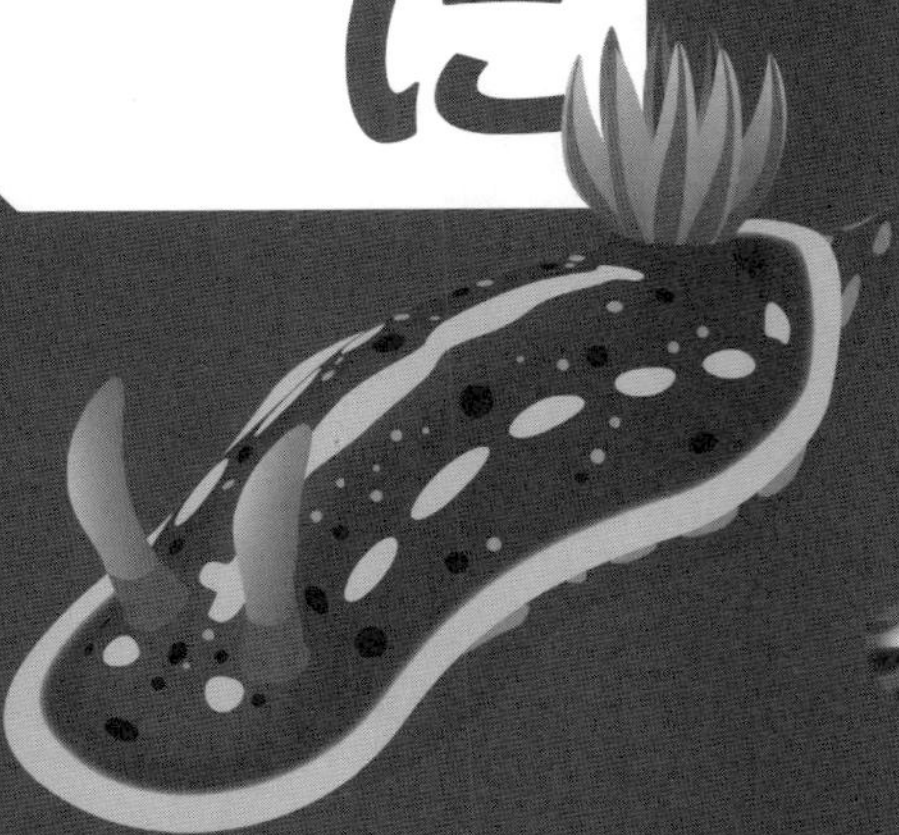

イラスト（上から）：ハナオトメウミウシ・ツノヒダミノウミウシ・アオウミウシ・コモンウミウシ

ウミウシとの出会い

あの秋、伊豆大島で

　多くの生物研究者は幼少のみぎり、「朝から晩まで野原を駆け回っている」「放っておくといつまでも虫（とか花とか魚とか）を見ている」「学校の勉強はしないのに、図鑑だけはボロボロになるまで読む」、そんな毎日を送るもののようです。しかし私がウミウシと出会ったのは、すっかり大人になってから。27歳の秋のことでした。それも台風の影響で海がうねりまくる、ダイビングの[※1]Ｃカード取得講習時の海底で。

　その朝、日焼けした笑顔が素敵なインストラクター（以降イントラと表記）のおにいさんは安全に[※2]海洋実習ができる海岸を求めて島じゅうを車で走り回り、最終的に海岸ではなく島でいちばん台風の影響が少ないはずの港の内側、漁船が係留されている岸壁から[※3]エントリーすることになりました。

秋の冷たい雨が降りしきる中、イントラのおにいさんを先頭に、私を含む6人の講習生は防波堤に横1列に並びました。「集団入水」などという忌まわしい言葉が脳裏をよぎり、なんとなく泣きたい気分です。

イントラのおにいさんが、わざとらしい明るい声で言いました。

「ここから[※4]ジャイアントストライドでエントリーします。ふつう[※5]オープンウォーターの講習ではやらないんですけどね。友達に自慢できますよ皆さん！」

見下ろすと、はるか眼下で波が踊り狂っています。実際は海面まで1m程度だったのですが、恐怖におののく講習生には4mも5mもあるかのように見えたのでした。

どっぱんどっぱんと波が防波堤に激突する、その音に負けないように彼が声をはりあげます。

「さあ、行きましょう！」

レギュレーターをくわえ、私はぎゅっと目をつぶりました。神さまお願いです、どうか死にませんように！　えいやー！

案ずるより産むが易しで、問題なくエントリーできました。岸壁から海に飛び降りるだけなので、問題あるわけがないのですが。

しかし海面のうねりは予想以上に強く激しく、海面で波に揺られているうち、何かが胸にこみあげてきました。これはもしかして、胃内容物ではないかしら？　普通ならこみあげてくるのは感動のはずなのに！　などと思っているうちに胃の中身はますますこみあげてきます。これ以上海面にいたら中身が外に出てしまう！

焦っているうち、ようやくインストラクターから潜降のサインが出ました。すかさずインフレーターホース※6を操作して潜降開始。ああ、やっと念願の水中世界に行けるのね……海の中ならどっぷんざっぱんもないはずよ……ところが水中もうねりまくりで、海底でじっとしていることができません。大慌てで近くにあった大きな岩にしがみつきましたが、その岩ごと前後左右に体が揺すぶられます。

海洋実習では講習生は先ずイントラと向かい合うように海底に着底し、それからイントラが行うさまざまなダイビングスキルを見て真似をして覚えていきます。しかし今は海底の岩にしがみついているだけで精一杯です。イントラとは2～3mしか離れていないのに、海が濁って彼の姿がよく見えません。時折ちぎれた海藻が目の前を流れていきます。そんな状況で着底もままならないのに、岩から手を放してマスククリア※7なんかできるはずがありません。ひたすら岩にしがみつき、ちぎれた海藻や目の前の岩や岩の下の海底を見ているうちに、茶色い海底に落ちていた、青い、2本の角のある、妙ちきりんなかたちの生き物に私の目は釘づけになりました。なんだろうこれは……？

それがウミウシだとわかったのは、海から生還（！）した後でした。イントラのおにいさんに質問したところ、

「あー、それはウミウシですね。青かったのなら、たぶんアオウミウシ（口絵1図1、図1）」

私は[※8]ログブックにこう書きました。

初めてダイビングした海は、まるでワカメの味噌汁のようだった。
見た動物：るりすずめ。なまこ。たこのまくら。うみうし。

彼の手元には小型のフィールド図鑑がありました。「ちょっと見せて」と借りて調べる

図1：アオウミウシ。磯にもダイビングの水深にもいる、日本の本州沿岸で最もよく見られる、日本を代表するウミウシ。ただし奄美大島や沖縄では見られない。外国人ウミウシウォッチャーが日本に来て見たがるウミウシNo.1。写真は台風直後の伊豆大島ではなく、うららかに晴れた伊豆下田の磯で撮影

と「アオウミウシ：巻貝の仲間。日本固有種[※9]。本州に普通」。

「えっ？　あれが巻貝の仲間？　あれのどこが巻貝？」と超びっくり。その26年後にウミウシの研究で博士号を取得した人も、最初はこの程度の認識だったのです。

[※1]Cカード：「Certification－Card」の略語で「認定証」の意味。ダイビングのライセンスのこと。Cカード取得講習はオープンウオーター講習ともいい、ダイビングスクールが所属する団体のカリキュラムに沿って、①学科講習、②プール講習、③海洋実習の3段階に分けて行われる。
[※2]海洋実習：Cカード取得講習の最終段階。プールで学んだダイビングスキルを海でおさらいすること。
[※3]エントリー：海に入ること。海から出ることはエキジットという。
[※4]ジャイアントストライド：岸壁やボートなどの縁から、足を大きく踏み出して海にエントリーする方法。
[※5]オープンウォーター（OW）：ビギナーレベルのCカードのこと。
[※6]インフレーターホース：BCという浮力調整ジャケットに空気を出し入れする操作を行うホース。
[※7]マスククリア：ダイビング専用マスクの中に入ってしまった海水を、マスク上部を押さえて鼻から息を吐くことで、水中にいながら外に排出するスキル。最も基本的なダイビングスキルのひとつ。
[※8]ログブック：潜水地や潜水時間、見た海洋生物の名前などのダイビングの記録を書くノート。
[※9]日本固有種：日本の国土または領海以外に生息していない生物種のこと。

ところでウミウシってなに

ナマコの仲間？

ウミウシを巻貝の仲間と知ってびっくりしていた頃から30年以上が過ぎて、今や私は日本各地でウミウシセミナーを開催するようになりました。セミナー参加者は多くの場合、ウミウシに興味はあっても知識はあまりない、かつての私のような一般の方や子供です。そんな人たちや子供たちに、私はよくクイズをします。そのひとつが「ウミウシに最も近い動物は次のうちどれでしょう？　**A**ナマコ　**B**カキ　**C**サザエ」(図2)。

正解は**C**サザエ。ナマコ※とそっくりな、黒くて長めの楕円形をしたホンクロシタナシウミウシの写真の横にナマコの写真を載せておくと、ほとんどの人や子供たちは「ナマコ！」と言います。触角（↓84ページ「ウミウシの目と鼻と口とヒゲ」）が目立たない白っぽいウミウシの写真を載せておくと、「カキ……？」と遠慮がちに言う人が増えます。が、「サザエ」と答える人はまずいません。ヒトがいかに見た目に騙されやすいか、ということですね。

図2：ウミウシに近い仲間はどれ？　A. ナマコ　B. カキ　C. サザエ　D. ウミウシ(ホンクロシタナシウミウシ)

ナメクジの親戚！

少し専門的な話になりますが、ウミウシや巻貝は「軟体動物門」という大きな動物グループに属する「腹足綱《ふくそくこう》」という小グループの一員です。腹足綱に属するのはウミウシ、巻貝、カタツムリ、ナメクジ。巻貝とカタツムリは貝殻をもちますが、ウミウシとナメクジは貝殻がありません（貝殻があるものもいます）。貝殻のあるなしにかかわらず、腹足綱のほぼすべての動物には腹足というパーツがあり、腹足の筋肉と繊毛《せんもう》と粘液を用いて、ずるっぬるっと前に進みます。それが腹足綱とい

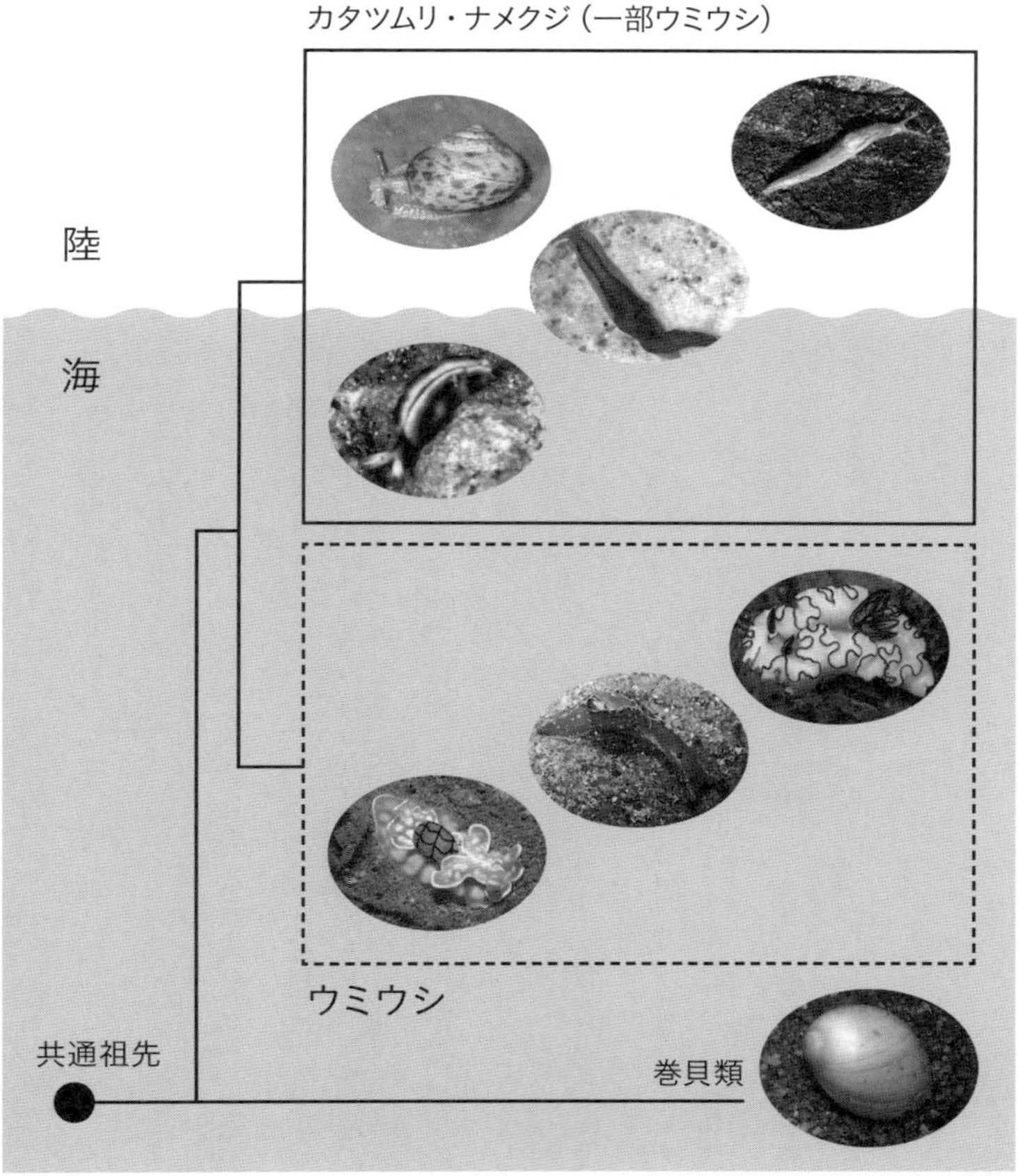

図3：腹足類の進化。カンブリア紀（約 5億4100万年前〜約 4億8540万年前）初期に軟体動物の共通祖先である小さな動物が出現した。それから派生した腹足類（巻貝類）の祖先が、カンブリア紀後期からオルドビス紀（約4億8830万年前〜約4億4370万年前）にかけて出現した。ウミウシのような化石記録に残らない動物の場合は、祖先がどんな形をしていたかを特定するのが難しいが、軟体動物の他の仲間たちと同様にウミウシの祖先もオルドビス紀に出現して現在に至ったと考えられている。なお最近の遺伝子学的研究から嚢舌類とスナウミウシ類はウミウシよりもナメクジ類に近縁であることが判明しているが、本書ではあえてふれていない。また本図の系統樹もたいへん簡略化してある。詳しく知りたい人は巻末の『おすすめの教科書』のご一読をお勧めする

うグループの名前の由来です。腹足類のうち巻貝とウミウシは海（一部は淡水）で暮らしていますが、カタツムリとナメクジは陸上で暮らしています。しかし乾燥したところは苦手で、陸でもじめっとしたところを好みます。

ここで視点を変え、どのように進化してきたかを見てみましょう。その昔、海の中で誕生した腹足類の祖先が、海の中にとどまったまま進化したのが巻貝とウミウシ。陸に進出してから進化したのがカタツムリとナメクジです（図3）。ここで再び貝殻に着目して「海で貝殻をなくす方向に進化したのがウミウシ、陸で貝殻をなくす方向に進化したのがナメクジ」「つまりウミウシとナメクジは親戚」と解説すると「あんなにかわいいウミウシがナメクジの親戚？」「うそー」「やだー」と顔をしかめつつも、4つのグループの関係について、多くの人が納得してくれるようです。

「貝殻をなくす方向に進化した巻貝がウミウシ」と聞いてすぐに納得できない人が多いのは、やはりウミウシの色とかたちのせいではないかと思います。なにしろ巻貝の軟体部は地味ですからね！　私たちがよく知るサザエやアワビ（ああ見えてアワビは巻貝の仲間）の軟体部は地味なホタテ色をしています（注：ホタテは二枚貝の仲間）。あの派手で多彩な色合い、かつ多様なかたちをしたウミウシが巻貝の仲間だとは、にわかに同意しかねるのも当然です。ではなぜウミウシは地味な軟体部の貝殻もち貝類と決別して、派手な軟体部の貝殻なし貝類に進化したのでしょう。それについては第2章にて。

※ナマコ：ヒトデやクモヒトデ、ウニ、ウミシダの仲間で、棘皮動物門《きょくひどうぶつもん》という分類階級（簡単にいうと「グループ」）に属する動物。このグループは五放射相称《ごほうしゃそうしょう》（骨格や筋肉などが体の中心から5方向に放射している）という体のつくりをしている。ヒトデやクモヒトデは見るからに五放射だが、ナマコも体の断面を見ると五放射になっていることがわかる。

ダイビングブームが来る前に

スポーツは苦手なのですが

冒頭でいきなりダイビングのCカード取得講習の話を書きましたし、ダイビングは今でも私の趣味であると同時に仕事の手段のひとつです。というと読者の皆さんの多くは「なんとアクティブな」「さぞや運動神経バツグンなのでしょうな」などと思うに違いありません。しかし私は運動オンチです。それも生半可なオンチではありません。なにしろ自転車に乗れないのです。もちろん跳び箱は3段跳べないし鉄棒だって逆上がりはできない。球技をやれば受けるべきボールはすべて落とし、避けるべきボールはすべて体のどこかにぶち当てられる。

そんな私ですが、なぜか水の中でだけは人並みに動く、つまり泳ぐことができました。

小中学校時代を通して体育の授業が楽しみだったのは、唯一水泳の時間だけ。釣り好きだった祖父に連れられて初めて海に行った時の驚き（広い！　大きい！）、初めて海で泳いだ時のあの喜び（走るよりも楽！）。思えばあれが私の原体験かもしれません。

とはいえ体を動かすことが生来苦手で嫌いな人ですから、水泳というか水遊びも、高校に進学する頃にはやめていました。大学を卒業して広告代理店に就職してからは、睡眠時以外は仕事をしているか本を読んでいるか映画を見ているかお酒を飲んでいるか。そんな徹底したインドアライフを送っていた私が、なぜダイビングにドはまりし、ウミウシという海洋無脊椎動物に人生をもっていかれたのか？

いくつかのきっかけがありましたが、最初の大きなそれは、大病をして死にかけたことです。25歳の夏のことでした。病名やら症状やらは本書の本筋とは無関係なので割愛しますが、要するにその入院生活の間に、私は自分もいつか死ぬ存在であることを悟ったのです。

どうせ死ぬんだから、と考えると捨て鉢になりますが、せっかく生まれてきたのだから、と思えば前向きになれます。病院のベッドに横になって天井を眺めながら、退院したら、と私は思いました。

死ぬまでの毎日毎日を大事に生きよう。死ぬまで元気で、その時がきたら「ああ、楽しかった」と笑って死のう。そんな人生を送ろう。そのためにスポーツをして体力をつけよう！　スポーツが苦手とか嫌いとか、そんなことぐずぐず言ってる場合じゃない！

決意を胸に退院し、近所にあった〈渋谷区スポーツセンター〉に通い始めました。倒れない自転車をこいだりプールで泳いだりしているうちに体力が回復。小さな広告代理店に中途採用されて社会復帰を果たした頃には、退院から1年近くがたっていました。

友に誘われて、友を得る

社会復帰後しばらくしてから、大学時代の同級生ナミコ（仮名）から電話がありました。ナミコはいつもより1オクターブ高い声で言いました。

「あたしさあ、ダイビング、始めちゃった！」

「ダイビングって、サコ（仮名）のやってた、やたらお金のかかるアレのこと？」

サコも大学時代の同級生で、在学中は「早稲田大学水中クラブ」というダイビングサークルで活動していました。ナミコと私はサコを通して、ダイビングなるものを当時の一般の人よりは具体的に知っていたように思います。同時にダイビング器材を買うお金と海に行くお金を稼ぐためにアルバイトばかりしていた学生時代のサコの姿から、ダイビングは経済力と体力を必要とする、自分とは無縁のスポーツだとも思っていました。

「まぁたしかにね。タンクは重いし、あたし泳げないし。でも魚がいっぱいいてね、海の中は楽しかったよ」

「え？　ナミコって泳げなかったっけ？」

実はそうなのよ、と、スポーツ万能のはずのナミコは笑いました。

「息つぎがうまくできなくてね……、でもさ水中では、そもそも息つぎの必要がないわけよ。それにフィンをはいているから、足をバタバタさせなくても、ひと蹴りですい――って前に進むしね。水中で泳ぐのってプールで泳ぐのとぜんぜん違ってラクちんよ。スポーツって感じじゃないから理枝にもできるよ。やってみない？」

それで私はダイビングをやってみる気になったのです。時は1987年、映画『彼女が水着に着替えたら』が大流行して、ダイビング人口がどーんと増えた、その2年前のことでした。

Cカードを取得した年の冬休み、私はナミコとふたりで沖縄のケラマ諸島にある座間味島《ざまみ》に行きました。

潜降を始めた瞬間に目に飛び込んできたのは、見渡す限りのサンゴ礁。さまざまな色やかたちの造礁《ぞうしょう》サンゴで形成されたサンゴの丘はなだらかな起伏を繰り返し、視界の果てまで続いていました。

もちろんサンゴだけでなく、見るものすべてに目を見張りました。目の前をゆきかう大型の魚、何千匹もの魚の群れ、サンゴの隙間に暮らす小さな魚やエビやカニやウミウシ……。お世話になったダイビングサービス〈オイコス〉オーナーの高瀬進さんの屈託のない人柄にも魅了されて、ナミコと私は座間味島での数日間を夢見心地で過ごして東京に戻りました。

ナミコは耳抜き[※1]が苦手・船酔いしやすい・泳げない、というダイバー三重苦を背負っていましたが、ビギナー時代から耳抜きができて船酔いせず、そこそこ泳げた私もダイバーとしては相当ぶざまでした。なにしろ強度の運動オンチなうえに、まともな講習を受けていません。この頃はありえないような失敗をやらかしまくっていましたが、ウミウシとは無関係なので割愛しますね。とにかくうまく潜れるようになりたい一心で近場に通いつめ、ようやく人並みに潜れるようになった私は、ナミコとともに再び沖縄へ。そこで私は自分のダイビングスタイル、ひいては人生に決定的な影響を与えてくれた友人のひとり、出羽慎一くんと出会ったのです。

当時の出羽くんは魚類の生態を研究している鹿児島大学の1年生。ダイビングしたい一心で「バイト代いりません」「なんでもやります」と鹿大の大先輩である高瀬さんに頼み込んでガイドのヘルパーのアルバイトに来ていました。あの頃の出羽くんほど幸せそうに海の中を泳ぎまくるヒトを私は未だかつて見たことがありません。そしてロギング[※2]の時間に高瀬さんと出羽くんの話すことのいちいちが専門的かつ興味深く、「魚の行動や生態の観察って人間観察よりもおもろいかも……」と思ったことを覚えています。

出羽くんとの出会いの翌年、今度は高知大学の学生が〈オイコス〉にアルバイトにやってきました。それが神田優くん。この神田くんがまたダイビングがうまく、神田くんと出羽くんの話す魚類の生態の話がまた面白く。出羽くんは海底に暮らす魚を研究対象にしていましたが、神田くんは中層を泳ぐ魚を研究していました。海底の魚と中層の魚では生き方が違うので、観察方法も違います。今なら当たり前に思うこんな簡単なことすら当時の私は知らなかったので、彼らから聞くことのいちいちに目から巨大なウロコが落ちまくったものでした。どんなことを教わったかは、いつかまた別のところで書けたらと思いますが、出羽くん神田くんと出会って以降、私の中でダイビングは「目的」ではなく、生物を観察するための「手段」に変わりました。

ナミコは結婚相手がノンダイバーだったためダイビングは5年ほどで卒業してしまいました(休学中なだけかもしれません)が、出羽くんと神田くんと私は今もたまに会っては酒を酌み交わす間柄です。

[※1]耳抜き：耳と鼻をつないでいる耳管に空気を通し、鼓膜に圧力がかかることで感じる痛みを取り除く方法。口を閉じて鼻をつまみ、フン、と鼻から息を吐く方法が一般的。空気が中耳(鼓室内)に送り込まれ、鼓膜の内側から空気が鼓膜を押しかえし、内側と外側の圧が平衡となる。

[※2]ロギング：潜水地や水深などの潜水データをログブックに書きつつ、その日見た動物などについて一緒に潜ったどうし語り合うこと。またはその時間。

会社をやめることにした

ダイビングは病んだ心の支え

話を再就職した頃に戻します。その広告代理店の社長は大学の大先輩で、私にコピーライティングのノウハウや、文章を書いてお金をいただくことの心構えなどを教えてくれた大恩人です。けれど直属の上司は、社長や取引先にはヘイコラペコペコする一方で、部下の私や下請けのデザイン会社の人には居丈高にモノを言う、よくあるタイプのダメ上司。ことあるごとに「中野さんは早稲田だから、社長の後輩だから、ねえ!」「早稲田卒でもできないこともあるんだね! ほう!」「オレは学歴がないからさあ!」とネチネチくどくど。ここで高学歴の女子がこうむる学歴逆差別などについて私見を書き始めると収拾がつかなくなってしまうので割愛しますが、要するに私はその上司に執拗なパワハラを受けて、2年かけてじわじわと心がくたびれ果てていったのです。摂食障害になり、生理が来なくなり、なんとかならないかと大病した際に入院した病院に行き、精神科の診察を受けたところ男性医師に「ふふん」と笑われて(というよりおそらく「笑われてしまったような気がして」）、逆上して「笑うなバカヤロー！　なにもわかってないくせに！」と医者に罵声を浴びせてしまってさらに自己嫌悪に陥ってしまい。

そんな時に友人ナミコがダイビングに誘ってくれたのです。前項では詳しく書きませんでしたが、大病を克服してからダイビングを始めるまでには、そんな経緯があったのでした。

フリーランスライターになる

海で過ごす休日はパワハラ上司のことなんかすっかり忘れていられましたが、週明けには苦しさが戻ってきます。給料とボーナスのすべてをダイビングにつぎ込んでも現実は一向に改善されません。あの病気では死ななかったけれど、どうせいつかは死ぬんだし、今もう死んじゃってもいいかもしれない（今思えば鬱病に罹っていたんですね）、ダイビングだけはもうちょっと続けたいけど……。などと思い始めていた時に、ナミコに誘われて何度目かの〈オイコス〉に。その時、高瀬さんに連れられて、初めて下曽根《しもそね》に行きました。

下曽根はケラマ諸島の端にある根（海底から突き出た大きな岩のこと）の名称。潮通しのよい上級者向けのポイントです。見渡す限り真っ青な海の真っ只中、ナミコと私は高瀬さんの後を追うように、海底にそびえたつ根をめざして一気に潜降。

目の前を、何千というカスミチョウチョウウオの群れ（図4）が泳いでいました。カスミチョウチョウウオたちは強い潮にも流されず優雅にひらひらと、しかし文字通り「一所」懸命に泳いでいました。

その時、私は、たぶんコンマ5秒くらいの間に、こんなことを考えました。


この厳しい海流の中で、カスミチョウチョウウオが泳いでいる。そのさまは、なんて無心で美しいのだろう。カスミチョウチョウウオの迷いのない生きっぷりに比べたら、私の悩みのなんとしょうもないことだろう。あんなアホのせいで心を壊すなんて！　アホらしい以外の何ものでもない！　何年か前に大病して死にかけた時にも思ったことなのに、私はすっかり忘れていた、いつ死ぬかわからないのは魚もヒトも同じだった、だったら私もカスミチョウチョウウオのように、

図4：カスミチョウチョウウオ。潮通しのよい沖合の根の周辺で群泳する

死ぬまで好きなようにヒラヒラと自由に、けれど真剣に生きることにする！　アホ上司のくだらんパワハラに悩んで苦しむのはもうやめた！

エキジットした時には会社をやめる決心がついていました。

それからの数日間はハイテンションのまま座間味島で過ごしましたが、しかしいきなり会社をバックレるわけにはいきません。いちおうまともな社会人のつもりでしたし、大恩ある社長を裏切ることはできません。東京に戻ったとたんに私はまたまた吐くほど悩み、意を決して社長に事情を話したのは下曽根経験から1ヶ月くらいたってからでした。パワハラのことも含めて洗いざらいぶちまけたところ社長は事情を理解して、それどころか「気づかなかった、悪かった」と謝ってさえくださって、円満退社できる運びとなりました。その後、出版社に勤務していた大学時代の友人の伝手を頼ったり、広告代理店で制作したパンフレットや雑誌広告などをプレゼン材料（自分の業績を売り込む資料）に用いたりしているうちにライターの仕事が入ってくるようになりました。フリーランスなら苦手な人と毎日一緒に働かなくて済みますし、締め切りさえ守れば好きな時に好きなだけダイビングに行けるのです！　これを幸せと言わずしてなんと言えばいいのでしょう！

けれど自分がウミウシウォッチャーであると自覚するのは、もう少し先の話です。

たどり着いた先は海底

名所めぐりダイビング

閑話休題。ダイバーが海の中でどんなことをして遊んでいるのか＝ファンダイビングとは何なのか、ダイビングしない人には謎だと思いますが、要は陸上での観光ツアーとほぼ同じです。観光ツアーでは、客は観光バスに乗って観光地に赴きます。バスを降りた観光客は旗を持ったガイドさんの後をついて歩き、「ここが清水寺です」と案内されて「おお、これが清水寺か。たしかに飛び降りるのに勇気がいりそうだ」などと思いながら写真撮影、撮影が終わったら再びガイドの後をついて三年坂・二年坂を歩き「ここが八坂神社です」と言われてまた写真撮影、という行動をとります。一方ファンダイビングでは、まずポイントAで珍しい魚か何かを観察・撮影してから少し泳ぎ、ポイントBでまた別の魚か何かを撮影。その後ポイントC→D→E……という感じで、ダイビングガイドが指し示す名所＝魚などを見たり撮影したり泳ぎ回ったり、という行動をとります。陸上のツアーと異なるのは、名所が1ヶ所にじっとしていないことと、安全管理のためにダイビングガイド1人が案内できるファンダイバーが6人程度に限られることくらい。

ビギナーのうちは楽しい名所めぐりですが、慣れてくると「魚の名前がわかっただけなのに、なんでみんな満足するんだろう?」「ほんの数秒眺めただけで、なんでその魚のことをわかったつもりになってしまうんだろう?」と思うように……いやいや生意気なことを言うと嫌われるぞ(生意気だという自覚はあったんですね)、それよりも中性浮力がとれるようにならなくちゃ! 砂を巻き上げずに砂地を泳げるようにならなくちゃ! それでなくても私はどんくさいんだから! と、しばらくはスキルアップと、図鑑を読んで魚の名前と生態を覚えることに専念しました。

ハマる沼が見いだせない

その頃ダイバーの間で流行っていたのは底生ハゼウォッチングです。底生ハゼとはその名のとおり、海底の砂地または泥地に穴を掘って、その中で暮らすハゼのこと。巣穴を掘るのはハゼと共生するテッポウエビの仕事で、ハゼは巣穴の安寧を保つべく周囲を見張る任を担っています。捕食者やピカピカ光るもの（ストロボのこと）を持った泡を吐く巨大な動物などがテリトリーに入ってくると、ハゼはエビに「やばいの来た」と知らせます。いよいよやばいとなると、ハゼもエビも穴にすばやく身を隠しますが、砂地に掘られた穴は些細な刺激で簡単に崩れ落ちてしまいます。そこで敵やダイバーの気配が消えたらエビは崩落した巣穴を作り直し、穴が崩落すればまた掘り直し。終わることを知らないエビの巣穴掘り行動はまるで賽の河原の石積みというかなんというか……ハゼはハゼで穴から身を乗り出して見張りを再開。そんなハゼの全身を（できれば共生エビも一緒に）撮影するは至難の業です。巣穴の外に全身をさらけ出すほどハゼを油断させるには息を止めて気配を消して、巣穴ににじり寄っていくしかありません。しかも当時はデジタルではなく銀塩フィルム時代。1回のダイビングでたった36回しかシャッターが押せないのです。

ハゼを真剣に撮影したいダイバーが集結したダイビングボートには、お高そうな水中カメラがゴロゴロしています。そして誰もが撮影の腕前は自分がいちばんと思っています。負けるもんかと思っています。そんな人たちが水中でハゼ撮り競争を始めたら、さてどうなるか。

ストロボを1回焚いたらハゼは巣穴に引っ込むので、シャッターチャンスは1度きり。ストロボが焚けなかったダイバーはハゼが引っ込んでしまった巣穴を見つめて呆然とするしかあり

図５：フリーランス時代に記事を書いていた雑誌の一部。インタビューから海外取材まで、依頼された仕事はすべて請け負った。何度か過労で倒れて救急車に乗ったが、つらいと思ったことは１度もなかった

ません。だから必然的にハゼ撮影者どうしは、互いをよく思っていない、いや、端的にいってたいへん仲が悪い（ように私には思えました）。

またも私は悩み始めました。「名所めぐりはもういいや、でもハゼウォッチングは……むむむむ」「ダイビングは大好き、生物ウォッチングも大好きだけれど、私がわざわざ水中に行って見たい動物はハゼなのかしら？」「本当に見たいもの・やりたいことは他にあるような気がするんだけど？」。それがなんだかわからないまま、気がつけばダイビング雑誌にも原稿を書くようになっていました。女性月刊誌や一般誌に原稿を書いて（図５）稼いだお金で南の島にダイビングに行き、ダイビング雑誌に原稿を書いて稼いだお金で南の島にダイビングに行き。伊豆大島の海底で見たアオウミウシのことなどすっかり忘れ、沖縄や海外各地の透明度の高い海で大物※を見て回り、ボート上でのんびりする。いわゆるリゾートダイビング三昧です。旅先で知り合い意気投合し

たダイビング仲間と伊豆下田に別荘を借りて、伊豆半島を潜り歩いていたのもちょうどこの頃。ハマる対象が見いだせなくても、それはそれで楽しい時代ではありました。

※大物：ダイビング用語で、大型海洋生物の総称。大型の回遊魚や鯨類サメ類カメ類などをさす。

ウミウシとの再会

そして時は進み、1996年。インターネット元年です。

コンピュータ関係の会社を経営していた（今もしてます）私のパートナー（以降ダンナ氏と表記）が私に向かって「これからはインターネットの時代だ」「メールを使えば世界じゅうの人と情報を瞬時にやりとりできるようになる」と、ややコーフン気味に言いました。ダンナ氏は私にインターネットの仕組みを縷々説明し、「ホームページを作れば誰でも情報発信できるようになる」「活字媒体と違って入稿→校正→印刷→製版という工程が要らないので、情報の発信速度が飛躍的に速くなる」。

それを聞いてまず思ったのは「インターネットが盛んになったら私の仕事場である雑誌が売

れなくなってしまうかも」。次に思ったのは「ホームページを作れるようになれば、ホームページ制作者として新しいビジネス展開ができるかも」。

そこで私は独学し、HTMLタグを書いてホームページを作れるようになりました。ついでダンナ氏の「海仲間のサイトを作って情報発信してみたら？」との言葉を真に受けてdivers.ne.jpというアカウントを取得。仲の良かったダイビングガイドや水中カメラマン数人からなるホームページサイトを作りました。その中に小野篤司さんのホームページがありました。

私の通う座間味島のダイビングサービスは〈オイコス〉でしたが、小野さんは同じ座間味島の〈ダイブサービス小野にぃにぃ〉のオーナーガイド。たまたま〈ざまみ丸〉（当時那覇・座間味島間を運航していた定期船の名称。現在の定期船は〈フェリーざまみ〉）の２等船室で、たまたま私が『週刊文春』を読んでいたのを小野さんが見かけて声をかけてくれたのが小野さんとの最初のご縁でした。

小野さんに「ホームページを作りませんか？　写真と原稿を用意してくれたら私がタダで作ります」と声をかけたところ話はとんとん拍子に進み、サイト名は「小野にぃにぃの座間味海中生物ガイド」に決定。小野さんからはハゼやクマノミ、ワイド写真など、さまざまなジャンルの写真が送られてくるようになり、その中にウミウシの写真がありました。小野さんはもともと一眼レフで水中の生物写真を撮っていた方。ちょっとした危険を察知してぴゅん！　と巣穴に逃げ込んでしまうハゼ撮影を得意とするオタクもとい写真派ガイドさんなので、あまり動かないウミウシの写真を美しく撮れないはずがありません。そんな小野さんの撮影したウミウシの写真の数々を見た時の驚き！　息を呑むほどの色鮮やかさ、この世のモノとは思えない変なかたち！

あの時の驚きは、なんというか、記憶喪失になって長年世界じゅうを彷徨っていた旅人が、初恋の人に再会して唐突に記憶を取り戻した。そんな感じでした。

台風直後の伊豆大島の海底でOWを受講し、Cカードを取得してから約10年。再び、そしてようやく、私は本格的に海底にたどり着いたのです。

しかし、その先にはウミウシウォッチャーに対する偏見と差別が待ち受けていました。

「ふん、あんな色のついたナメクジなんか」

新たな受難の始まり

小野さんからホームページ用の写真が届くたび、その美しさに悶絶しましたが、大きな悩みがひとつありました。撮影されたウミウシに名前がついていないのです。名なしウミウシはホームページには「ウミウシの一種その1」「ウミウシの一種その2」「ウミウシの一種その3」……と表記するしかありません。数が少ないうちはそれでもいいのですが、増えてくると「ウミウシの一種その20って、どんな色のやつだっけ?」。

某年某月某日。場所は静岡県東伊豆の某ダイブサイト。何度か通って親しくなったダイビングガイドのS氏と話していて、「今日見たウミウシ、あれは何という名前ですか」とつい聞いてしまったことがありました。

「あー、あれはウミウシの仲間ですね。ていうか、なんでウミウシの名前なんか知りたいんですか」

オタクと呼ばれる人種は答えられない質問をされるとムッとするものです。私はしかし地雷を踏んだことに気がつかず、

「ウミウシは名前のついていないものが多いので。Sさんだったらあのウミウシの名前、ご存知かなって」

S氏は私を、まるで汚いものを見るような目で見て言いました。

「ふん、あんな色のついたナメクジなんか」

……色のついたナメクジ！

たしかにウミウシはナメクジの親戚、S氏の発言は間違いではなかったのですが。

絶句している私に向かって、S氏はたたみかけるように言いました。

「動きが遅くて、撮影のし甲斐がないですよねーウミウシは！　ハゼのほうが被写体として断然魅力的ですよ！」

この頃、S氏以外のハゼガイドとハゼダイバーに「えっ？　ウミウシ？　色が派手すぎて気持ちが悪い！」「目がうつろでこの世を見ているとは思えない」「紫色の汁を出して汚らしい」と立て続けに言われたことを、執念深い私は今でも執拗に覚えています。

自分が好きなものをそんな風に罵る人たちと、なぜ貴重な休日を一緒に過ごさないといけないのか。カチンときてつい私も「どれもこれも同じようなかたちをしたものを、海底で気絶しかけるほど息をこらえてまでして撮影したい人の気が知れない」などと言い返しそうになりましたが、いやいやちょっと待て。ハゼ専ダイビングサービスと決別してしまうと、通えるダイビングサービスがなくなってしまう。

それからの私は隠れキリシタンならぬ隠れウミウシウォッチャー。ハゼダイバーの中に交じって、ひとりでコソコソひっそりとウミウシを愛でていました。ダイビング中に見つけても「こんな色のウミウシがいた」とログブックにこっそり書くだけ。

事実ウミウシは魚類に比べて圧倒的に研究が進んでおらず、図鑑にもS氏の言うとおり「ウミウシの仲間」としか記述されていない種類が多かったのです（今でも少なくありません）。ガイドさんも知らない図鑑にも載っていない誰も興味を示さない。ないないない尽くしだったあの頃のウミウシ……。

あとで知ったことですが、日本にも明治時代からウミウシの研究者はわずかながら存在しました。しかしその学術業績がまったくアウトリーチされておらず、一般向けのフィールド図鑑には相変わらず「ウミウシの仲間」としか載っていなかったのです（図6）。これは、研究者の一般人への啓発意識の欠如と、一般の方々が感じる研究への敷居の高さと探求心不足の、どちらにも原因があると思います。

隠しきれないダイビングスタイル

ハゼはたしかに撮影が難しい魚なので、Sさんに限らずハゼ撮影者は「ウミウシ？　ふん、あんな動きのとろい生き物なんか」とウミウシをバカにする傾向がありました。しかし彼らは知らないのです、ウミウシは実は撮影が難しい

図6：左から『フィールド図鑑 海岸動物』（1986年 東海大学出版会刊、掲載された107種のうち54種が「ウミウシの仲間」または「なんとかウミウシの仲間」とされていた）、『山渓フィールドブックス8 海辺の生きもの』（1994年 山と渓谷社刊、掲載種は和名のついている種のみ98種）、『フィールドガイド20 海辺の生物』（1999年 小学館刊、掲載種は和名のついている種のみ40種）。上記の図鑑では飽き足らない山田久子さんや筆者などは、国会図書館に行ってウミウシに関係する学術論文を探し、見つけ次第片っ端からコピーをとったり、海外のウミウシ図鑑を買い求めたりしていた。特にドイツの『NUDIBRANCHS AND SEA SNAILS INDO-PACIFIC FIELD GUIDE』（1996年 IKAN Unterwasserarchiv刊）は掲載種が500種を超え、当時のコアなウミウシウォッチャーのバイブルだった

生き物なのだということを。いや撮影云々の前に、必死になって探してもそう簡単には見つけられません。

巣穴を探せばすぐ見つかるハゼとは違い、ウミウシは隠蔽的生活&隠蔽的擬態という、隠蔽合わせ技を駆使して生きています（↓48ページ「なぜウミウシはかわいいのか」）。だからウミウシウォッチャーは泳ぎ回らないのです。泳ぐヒマがあったらウミウシのいそうな海底に這いつくばって、目を凝らして、そこにいるはずの、いるに違いないウミウシを見つけなくては！　けれどそんな風にウミウシを探しながら泳いでいると、一緒に潜っているハゼダイバーの一群からはどうしても遅れてしまいます。ポイントBを過ぎてポイントCに向かう頃には距離が離れすぎてしまい、ふと顔をあげると見渡す限り誰ひとりいない！　なんてこともしばしば。

水中で迷子になると初心者ダイバーはパニック状態に陥ってしまい、海面に出ようと猛烈なスピードで浮上して、その結果減圧症という病気になったりします。死んでしまうことすらあります。水中で迷子になるのは京都の町で迷子になるのとは深刻さの度合いが違うのです。だからガイドは全員がちゃんと見える範囲にいるかを常に確認しています。もし後ろでもたもたしているダイバーがいたら「さっさと来い！」と声をはりあげる代わりにタンクをたたいたり水中ベルを鳴らしたりして注意をひきます。けれどその時もしウミウシウォッチャー（私）がウミウシを見つけていたら。ウミウシウォッチャー（私）の耳にガイド氏の指示なんか届きません。そういえば、いくら呼んでも来ないウミウシウォッチャー（私）に業を煮やして、引き返してきたガイド氏がいたことを、今書いていて思い出しました。ぽんぽん、と肩をたたかれて飛び上がるほどびっくりして顔をあげると目の前にガイド氏の顔が！　マスクごしに見る目が怒っている！

エキジット後、そのガイド氏は困り顔で、「中野さん、もうちょっと周りをよく見て、みんなに遅れないよう泳いでくれませんか？」。

私は素直に謝りました。「次はちゃんと気をつけます」と、その時は本気で言いました。けれど次のダイビングではそんなガイド氏の怒りなんかコロっと忘れ、またひとり海底にへばりついて泳がない。そしてついに「次からは他のショップに行ってくださいね」。

どんな時代、どんな場所でも、価値観の違う人どうしが一緒に行動すると軋轢が生じます。たった1人だけ価値観の違う人が群衆の中に放り込まれたら、多くの場合は迫害されます。

お願いです、ウミウシの神様。いらっしゃるのならお導きください。私はどうしたらいいのでしょう……。そんな「迫害の中でひっそりと生きる隠れキリシタン」な状況を打破してくれたのは、1998年に始まったオーストラリアのインターネットサイトでした。

ウミウシの聖地が開《かい》闢《びゃく》する

神様はオーストラリア人

図鑑を見ても「ウミウシの仲間」「アメフラシの仲間」くらいしか書かれていない状況は相変わらずながら、小野さんのウミウシサイトは徐々に人気が出始めて、私自身もお世話になりまくった〈オイコス〉ではなく〈ダイブサービス小野にぃにぃ〉に通うようになっていました。高瀬さんからは海洋生物について多くのことを学び、ダイビングの楽しさとダイビング後の泡盛の美味しさを教わりました。出羽くんと神田くんに出会ったのも〈オイコス〉です。ですがウミウシを探しに探して、やっと見つけた時に脳からあふれ出る快感物質の魔力には勝てず……。それに小野さんのショップに行けば「私もウミウシ、大好きだったんです」と喜びに声をふるわせるカミングアウト派から「ハゼもいいけど、ウミウシもね」という移行期派まで、仲間になれそうな人たちと知り合うこともできました。

１９９８年の某月某日。そんな仲間のひとりから、「オーストラリアで〈The SeaSlug Forum〉

（以降はシースラッグフォーラムと表記）（図7）という、なんかすごいサイトができたらしいよ」

とのメールを受け取りました。

「ふーん、どんなんかしら」と何の気なしにそのサイトを訪ねたところ。

そこはウミウシの「聖地」でした。

図7：オーストラリアのビル・ラドマン博士が運営していたサイト、シースラッグフォーラムのトップページ。更新は2010年に止まったが、アーカイブは今も見ることができる　http://www.seaslugforum.net/

シースラッグフォーラムの運営者はオーストラリア博物館のビル・ラドマン博士。ラドマン博士は膨大な論文を発表されている世界屈指のウミウシ研究者で、世界中のウミウシウォッチャーから写真とともに送られてくる「これは何という名前のウミウシですか」「このウミウシは何を食べてるんですか」などの質問に、該博な知識に基づいた回答を、そのサイト上でわかりやすい英文で答えてくださっていました。

ウミウシの魅力、生物としての面白さ、ひ

いては存在そのものを世界中に知らしめたラドマン博士は、私にはまさしくウミウシの神様。そして世界には神の他にも使徒＝ウミウシ研究者が何十人もいて、信徒＝私と同じアマチュアのウミウシウォッチャーが何千人といたのです！

経典を1日1種ずつ翻訳する

世界各地に仲間がいることはわかりましたが、英語が読めないことにはシースラッグフォーラムに書かれていることが正しく理解できません。そこでシースラッグフォーラムに掲載されたウミウシについての英文を、どんなに忙しくても1日1種、翻訳することを日課にしました。この1日1種翻訳、興味があったから続いたのはもちろんですが、ラドマン博士の英文は平易で簡潔、受験勉強以来英文和訳など久しく忘れていた私にも理解しやすかったことが、2年以上続けられた理由だったと思います。世界中の、それも英語が母国語ではない一般の人が読むことを前提に書かれたシースラッグフォーラムは、これからウミウシの勉強をする若い人にとっても大いに参考になると思います。

専門用語の洗礼を受ける

シースラッグフォーラムを読む上で悩ましかったのは、英文そのものより専門用語でした。たとえばウミウシの「Rhinophore」。これが頭にあってどうのこうの、とフォーラムでラドマン先生が解説されているのですが、Rhinophoreが何のことなのか最初はわかりませんでした。今でこそ検索すると「(軟体動物の)触角」と表示されますが、当時は「ライノフォー」としか出てこなかった。だからさらライノフォーて何のことよ、としつこく検索すると、ようやく「嗅触角、嗅角、嗅覚突起」と出てきます。そこでやっとこさ、ははぁ、つまり触角のことね、と理解できる。次にスペルを確認しようとしてR、h、i……あれれなんだっけ。そこで「触角」「英語」と検索すると「antennae」と出てきます。ちがうちがう、アンテナとちがう! 再検索すると、今度は「tentacle」がヒットします。テンタクルでもないよ! ライノフォーだよ! でも嗚呼ライノフォーのスペルが思い出せない! しかたなくまたシースラッグフォーラムに戻って、とやってるうちに、ハタと「そうだ日本語の専門書を併せて読めばいいのだ」と、当たり前すぎることに気がつきました。「日本語のウミウシ専門書なんか、あるの?」といぶかしみつつ、当時の私の行動圏内(渋谷区笹塚に住んでいました)で最も大きな書店だった東京・

新宿の紀伊國屋書店新宿本店に行ったところ、専門書、ちゃんとありました。ハードカバーの大判の、サイエンティスト社刊行『軟体動物学概説』。

写真だけではなく意味不明な線画や図版がやたら載っていて、見慣れない日本語が羅列する『軟体動物学概説』を手にした時、私は見たこともないウミウシを前にした時と同じドキドキを味わいました。「これを読んだら私も少しはウミウシがわかるようになる?」「でもめっちゃハードル高そう」「文系の私に理解できるかな」「しかもお高い」「これ買うお金でダイビングしたほうがよくない?」などと懊悩した結果、二階建ての家の屋根から飛び降りるくらいの覚悟で購入。この本は今でも折に触れては読み返す、愛読書の1冊となりました。

そして今はパラダイス

アマチュアのウミウシ愛好家として楽しく独学していたある日、私の人生をウミウシ街道のほうにもう一歩ねじ曲げ、ではなく前進させてくれた出来事が起こりました。小野さんのホームページを見た出版社の編集者から連絡が入り——話が長くなりすぎるので経緯は省略しますが——『ウミウシガイドブック』(図8)というフィールド図鑑を出版することになったのです。

写真と文章は小野さん、編集は私が担当。1999年7月に上梓されたその図鑑は発売後わずか1ヶ月で重版出来。「こんなマニアックな内容の本が売れるのか？」という版元営業の懸念をものの見事に吹き飛ばし、その後のウミウシブームの礎を作りました。

『ウミウシガイドブック』が世に出てから国内でもウミウシウォッチャーが一気に増えて、八丈島〈コンカラー〉の田中幸太郎くんや西伊豆大瀬崎〈海の案内人ちびすけ〉の川原晃さんなどウミウシウォッチャー御用達ガイドも徐々に増えていきました。今ではフィッシュウォッチャーとウミウシウォッチャーを分けるダイビングショップが多数派になりました。もう好きなだけ海底に這いつくばってウミウシを探していられる！　いくら海底で四つん這いになってじっとしていても、誰も私を変人扱いしない！「ふん、あんな色のついたナメクジなんか」などと蔑まれ迫害されていた時代、ウミウシウォッチャーが潜れるダイビングサービスが皆無に近かったあの頃を思うと、今はパラダイスです。

図8：『ウミウシガイドブック』カバー写真。帯の文面に思いがこもる

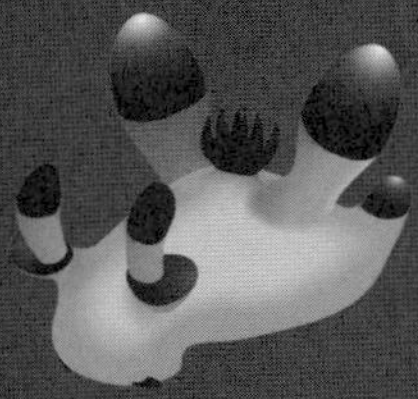

第2章

そもそもウミウシってなに

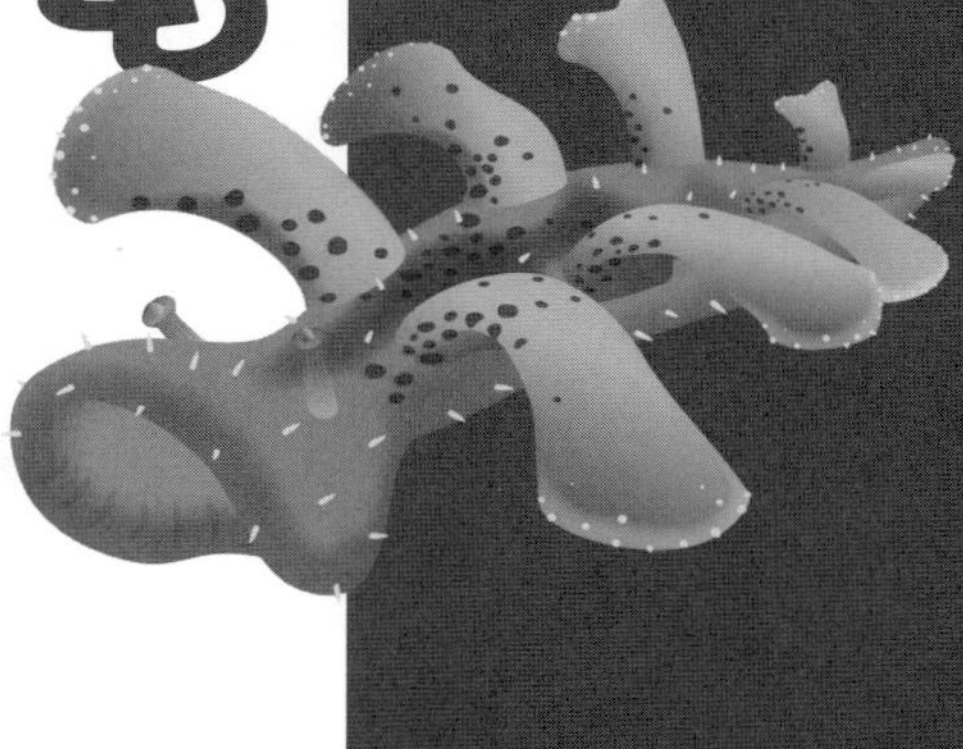

イラスト(上から)：ウデフリツノザヤウミウシ・メリベウミウシ・セトリュウグウウミウシ・ベニシボリガイ

なぜウミウシはかわいいのか

まさかな色や模様

第1章ではウミウシと私のなれそめ（？）から深くおつきあいするようになるまでを書きました。本章ではそんなウミウシの魅力、そもそもどんな動物なのかを書いていきます。

前章で簡単にご紹介したとおり、ウミウシは巻貝やナメクジと同じ腹足綱の仲間です。この仲間うちで最もウミウシをウミウシたらしめている特徴は「軟体部が派手で、多様なかたちをしていること」。こう言い切っても異論を唱える人は少ないんじゃないかと思います。中には凡人には思いもよらない、まさかな色模様のものたち（口絵1図1〜6）もいます。きれい・かわいいが好きな人はもちろん、写真家や画家やイラストレーターといった職業の方々がウミウシ推しになるのも頷けます。

それにしてもウミウシ、どうしてあんなに派手な色模様をしているのでしょう？

ウミウシが貝殻を捨てた理由

ウミウシセミナーをする時に、必ず聞くのが「巻貝の殻は何のためにあるのでしょう?」。多くの会場ですぐに誰かが答えてくれます。「硬い貝殻で柔らかい身を守るため」。

その通り。巻貝は貝殻という鎧をまとうことで、その柔らかな身を守っているのです。

しかし貝殻がありさえすれば安心できるわけでもありません。貝殻をもろともせずに齧《かじ》り割り、中身を食べてしまう魚もいます。それに貝殻は生産するのも修理するのもコスト[※1]がかかる。もちろん移動にもコストがかかります。私たちが体ひとつで歩いている時と、重いリュックを背負っている時では、どちらが先におなかがすくでしょう? 巻貝だって同じです。それに貝殻があるがために狭い隙間には入れず、海に浮くこともままなりません。

そんな制約のある巻貝暮らしをしている巻貝類の祖先の中から、ある時たまたま＝突然変異で貝殻作りをサボってしまった個体が生まれました。もちろん貝殻が薄くなった個体は防衛能力に劣るため、貝殻以外の防衛能力を確保しないと生き残れません。試行錯誤しているうちに何かしらの防衛力を身に着けたものが生き残るようになり、さらにそれらの子孫が生き残っていきました。それが今あるウミウシの祖先ではないかと考えられます。

さまざまなウミウシの各部の名称

A 有殻《ゆうかく》の頭楯類《とうじゅんるい》

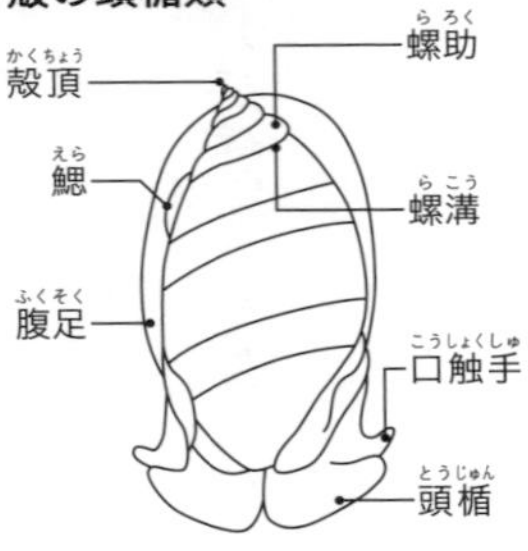

B 頭楯類　キセワタガイの仲間

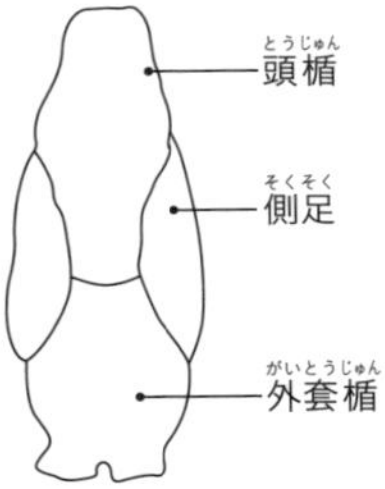

C 頭楯類　ウミコチョウの仲間

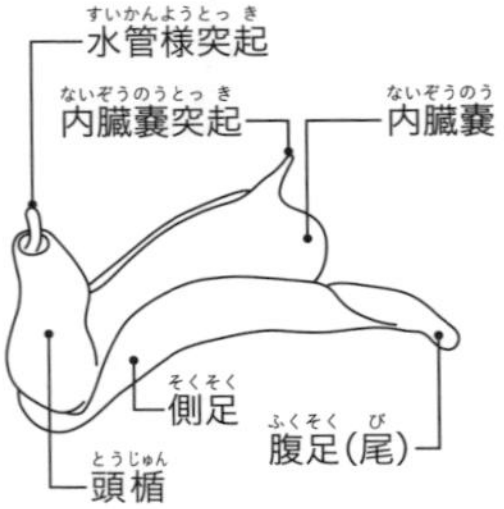

D 嚢舌類《のうぜつるい》　ブドウギヌの仲間

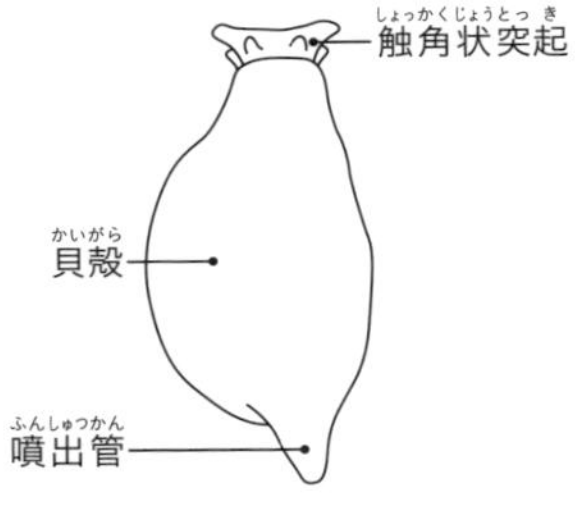

E 嚢舌類　チドリミドリガイの仲間

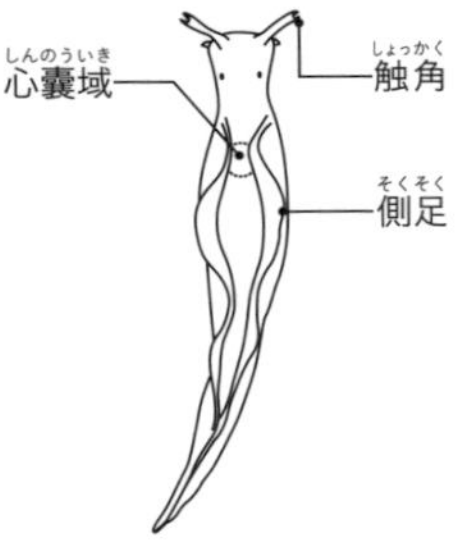

F 嚢舌類　ハダカモウミウシの仲間

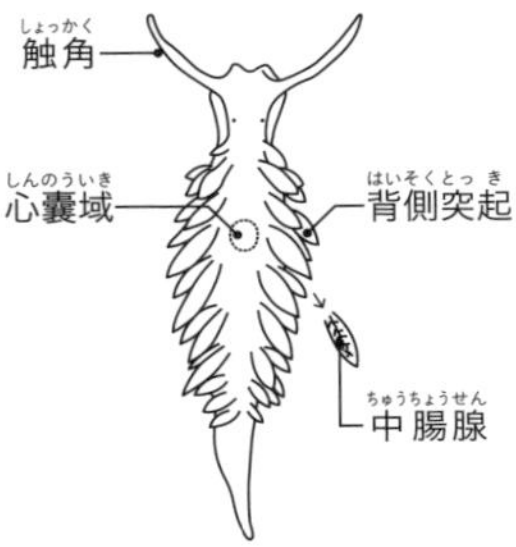

図9：代表的なウミウシの外部形態の模式図と、各部の名称を示す。中野(2018)より。紙幅の都合で12種のみを掲載するが、他にもアメフラシ類やマメウラシマガイ類、ヒトエガイ類、シンカイウミウシ類などがある。ウミウシは貝殻の退化とともに軟体部がさまざまな形態に進化したと考えられる

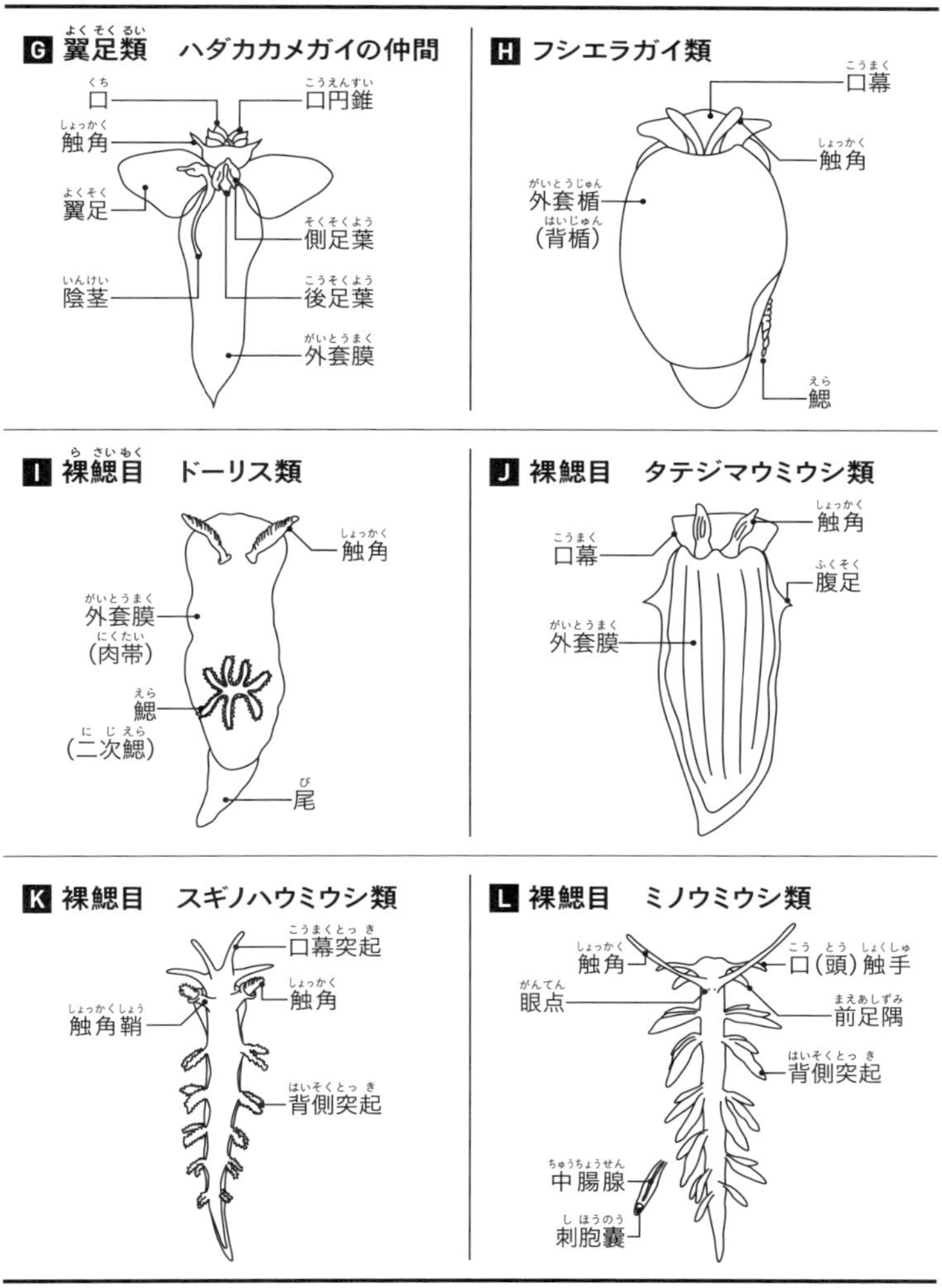

ジャングルの中に隠れ住む

貝殻以外に身を守る方法としてよく知られているのが、自分自身をまずくする戦略です。海底の岩をおおい尽くす、さまざまな色やかたちをしたカイメンやホヤ、コケムシなど。これらは単に岩をおおっているのではなく、実は岩に貼りついています。けれどこれらは植物ではなく、なんと動物。自分の意志で動くことができない動物なので、固着動物（図10）と呼ばれています。そんな固着動物＋藻類＝固着生物は敵に食べられないために、まずいもの（防御物質）やトゲ・骨片などを体内に蓄えています。まずいからこそ海底をおおい尽くすほど繁栄しているわけですが、ウミウシはそのまずい固着生物を食べて自分の体にその物質を貯め込み、自分の体をまずくする戦略に打って出ました。これは大成功を収めました。そのまずさたるや、私自身が身を挺して確認したので間違いありません（↓128ページ「ウミウシを食べてみた」）。

しかし体をまずくしたところで、裸でうろうろするのはどうにも心もとない。そこでウミウシがとったのが、隠蔽的生活と隠蔽的擬態という2大隠蔽戦略です。

隠蔽的生活は、文字通り何かに隠れて暮らすことです（↓122ページ「ウミウシを見つけるためのさまざまな道具」）。隠蔽的擬態は、いわゆる「カモフラージュ」のこと。ウミウシの中には餌生物に色やかたちがそっくりになる種がいます。これを隠蔽色といいます。中には質感までもが餌生物にそっくりになるウミウシもいます。ウミウシはそんな装いで餌（背景）にまぎれます。その巧みさたるや、ジャングルの中で迷彩服を着た兵士さながら。敵（ここではヒト）の目には見えているのですが、敵の脳には「そこにいる」と認識されない。このようにしてウミウシは敵の目をあざむきます。これを隠蔽的擬態といいます（口絵2図1〜6）。

図10：海底の岩をおおうさまざまな固着生物（矢印）と、それを食べるウミウシ。A. 樹枝状のコケムシを摂餌するスルガリュウグウウミウシ　B. ワモンツツボヤを摂餌するセトリュウグウウミウシ　C. カイメンを摂餌するアオウミウシ　D. ヒドロ虫を摂餌するフジエラミノウミウシ（写真提供＝遠藤彩子）

目立ちたくないから派手に装う

ウミウシは派手だ派手だと、まるで夜の街のおねえちゃんもしくは大阪のおばちゃんのような扱いをしてきましたが、海底では意外なくらい目立ちません。それは海底もまた派手な色にあふれているから。海底には陸上の岩のようにつるんとした、何も生えていないような岩はあまりなく、表面にさまざまな生物が固着して暮らしています（図10）（陸上の岩も実のところは、ヒトの目には見えない微細な生物に満ちています）。さまざまな色かたちの固着生物が複雑に入り組んで生えている海底の岩の上では、単一の色彩がのっぺりと広がっているものよりも、さまざまな色が複雑に入り組んだ模様のもののほうがなじみやすい＝目立ちにくい、だから固着生物に似た多彩な色模様をまとい、固着生物にまぎれて暮らしているウミウシは見つけにくい。と考えられます。それに水中では太陽光が吸収されてしまい、真っ赤なカイメンは水中ライトで照らさない限り地味な茶色にしか見えません。大阪のおばちゃんの装いを想起させる奇天烈な色模様も、海底では茶色系の迷彩服にしか見えない。目立ちたくないからこそ派手に装う、それがウミウシと大阪のおばちゃんとの違いといってもいいかもしれません。

派手な色のもうひとつの役割

一方、何かの事情で餌の固着生物から離れざるを得なくなった時は、その色や模様がウミウシを有毒の餌そのもののように見せてくれます。捕食者には「ワシはカイメンじゃけんのう、ワシを食うとあんたも命を落とすぜよ（どこの方言か不明）」と警告を発しているように見えるだろうことから、派手な色模様には隠蔽色だけでなく警告色としての機能もあると考えられます。

かわいさの真実

ウミウシは、詳細は後述しますが、視力がよくはありません。鏡に映った自分を見て「なんてアタシはきれいなんでしょう」などとうっとりする自意識もない、いや、それ以前に鏡像認識※2ができません。ウミウシ学の大家、オーストラリアのラドマン博士は「ウミウシが自分自身の美しさに気がつかないのは、誠に残念なことである」とおっしゃっています。ましてやヒトに「きれいやなあ」「べっぴんさんやねえ」と言われたくて進化したわけがありません。もしヒトにきれいと思われたいとウミウシが本当に考えているなら（ヒトにきれいと思われることでウミウシにベネフィット[※3]があるのなら）、ウミウシとヒトとの間には共生関係、つまり互いにウイン・ウインな関係が築かれているはず。しかし今のところそんな関係はなさそうです。かといってウミウシがヒトに害[※4]をなすこともなさそうですが。

それでもウミウシがヒトの目にかわいく見えてしまうのはなぜか？　これについて、私は「人間の勝手説」を提唱しようと考えています。

視野を広げて、生物全般を見渡してみましょう。色鮮やかでかわいい動物……たとえばテントウムシとかどうでしょう。なにしろ結婚式でサンバを踊る（古い！）くらいですから、この昆虫のかわいさには定評があります。しかし同じようなカラーリングのヘビやカエルだと「気持ち悪い」「こわい」と感じてしまう。ウミウシとナメクジも同じです。ウミウシは派手な色模様と2本のツノや背中のフリフリなどの愛らしい造形とが相まって、たまたま「かわいく」見えますが、もしナメクジがウミウシのようなカラーリングだったら、ヒトはナメクジを「派手すぎる上にぬらぬら[※5]していて超気持ち悪い」とけちょんけちょんに言うに違いありません。

同じ色模様をしていても、かわいいか気持ち悪いかは、見る側の主観（世界観）で変わるもの。これを人間の勝手と言わずして何といえばいいのでしょう。事実、ほんの20年ほど前まではウミウシを「色が派手すぎて気持ち悪い」「色のついたナメクジ」とけなしまくるヒトが日本にはたくさんいたのです。気持ち悪いものに対する嫌悪感は①生まれついての反応と、②その人の暮らす文化や社会、環境など後天的な理由に基づく反応のふたつに分けられると思いますが、今のウミウシ人気は「毒があるものに対する先天的な拒否反応」を凌駕してなおあまりある「人間の価値観の多様性」がその背景にあるのかもしれません。

でもまぁそんなことはウミウシにとってもナメクジにとってもどうでもいいこと。ヒトにどう思われているかなどは気にもせず、ウミウシは海底で、ナメクジは木の葉の裏で、今日もひっそりと生きています。

[※1]コスト：「お金」という意味ではなく、生物が生きる（または子孫を残す）ために投じる「投資」をさす生物学用語。具体的には、生きるため・子孫を残すために費やす時間や労力（エネルギー）や身の危険（自らの命）など。投じたコストによって得られる利益をベネフィットという。具体的には得られる餌、自らの安全（命）、住処、配偶者、子孫など。生物は、コストとベネフィットを差し引きして、得られるものの価値が最大になるように進化する、と考えられている（最適戦略選択説）。コスト・ベネフィットの考え方に基づけば「ここで頑張ったら餌がたらふく食える」というような短期的な計算もできるし、「ここで他個体の子育てに協力しておけば、ゆくゆく自分の遺伝子を残す手立てになる」というような、

長期的な（繁殖に関係する場合は適応度のような形での）計算もできる。
［※2］鏡像認識：鏡に映る自分を自分の姿であると認識すること。
［※3］ベネフィット：コストの項参照。
［※4］ヒトに害をなす：1988年、九州・天草のワカメ養殖場で、アメフラシが養殖ワカメを食べ尽くしてしまった事件（経済被害）が生じたことがある（平野、2000）。
［※5］ぬらぬら：ウミウシも実は粘液まみれでぬらぬらしているが、水中にいるためにぬらぬらが目立たない。たまに砂地にいるウミウシの這い跡がぬらぬらと光って見えることがある。また水槽で飼育すると、ウミウシがいかに大量の粘液を分泌しているかが掃除の際に実感できる。

さまざまなかたち

のびのび自由に、どこまでも

まさかな色模様をしている理由については隠蔽色&警告色という教科書的仮説で納得できるとして、ウミウシのかたちの多様性（口絵3図1〜6、図9）についてはどう考えたらいいのか？

これは「貝殻というタガがはずれたから」としか考えようがありません。

巻貝はその貝殻形態に、進化の過程で驚くばかりの多様性を手に入れました。一方で軟体部は地味で多様性にも比較的乏しく、分類学者にもさほど重視されてきませんでした（巻貝研究者の佐々木猛智先生によると「最近は精査するようになりました」）。巻貝とは反対に、ウミウシは貝殻生産にコストをかけない方向に進化してきた動物です。貝殻が薄くなる・小さくなる・内側に埋もれるようになるにつれて、貝殻と表裏一体の組織である軟体部の形態に制約がなくなっていったのは当然のことといえるでしょう。

触角と鰓《えら》の周りに棍棒状の突起を生やしたもの、背面が小さなトゲトゲに覆われたもの、背中に発光瘤《はっこうりゅう》をこしらえたもの、牛の舌のようにのっぺりしたもの、体の側面に樹枝状やミノ状の突起を生やしたもの。かたちの自由奔放さは貝殻という制約がなくなり、軟体部がのびのび自由に進化した結果。だから「タガがはずれた巻貝、それがウミウシだ」ということもできます。

貝殻があるものとないものでは、見た目だけでなく体の内部のつくりも異なります。頭楯類の中でも最も原始的なウミウシの軟体部は殻の中でねじれていますが、進化とともに殻が退化するにしたがって軟体部に「ねじれ戻り」が生じ、左右対称になっていきます。内臓や神経系の位置もねじれ戻りが生じます。そして原始的なウミウシでは体の前の方にある外套腔《がいとうこう》（図11）が、進化とともに体の右側から後方に向きを変え、最も進化している裸鰓目《らさいもく》というグループでは外套腔はなくなります。鰓も外套腔と同様に、進化とともに体の右側から後方へと位置を変えていき、裸鰓類ではついに本鰓がなくなります。そして本鰓の代わりに二次性の鰓が背面に生じたり、外套膜と腹足の間に生じたりします。最も進化したウミウシであるミノウミウシ類では二次鰓すらなくなります。

ここで気をつけてほしいのは「原始的」「進化した」という言葉のイメージです。原始的なウミウシがなんかダメっぽくて、進化した裸鰓目がエラい、と判断してしまう人がまれにいますが、どちらも現在生

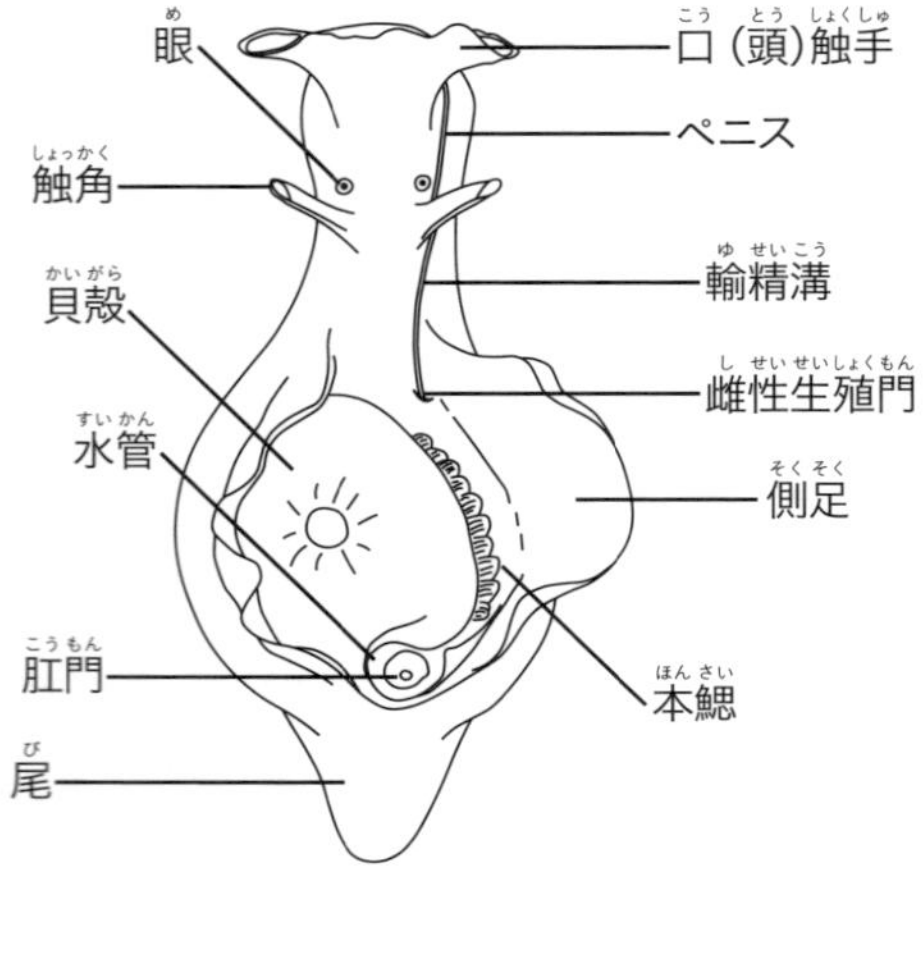

図11：アメフラシの外套腔と各部位の名称。外套腔は外套膜が2枚重なってできた腔所で、体外にあり、外界（海水）と通じている。鰓や肛門や生殖門（孔）などがある。図のアメフラシでは側足でおおわれた部分（雌性生殖門から水管にかけて）が外套腔にあるといえる。外套腔の内部がわかるように右側の側足を無理やり広げた図になっている

きている姿を見られるということは、現在の形質※で十分に子孫を残してこれたということ。もし原始的なやつがダメなのだとしたら、そいつはとっくの昔に絶滅しているはずなのです。原始的なかたちのウミウシは「古い時代に獲得した形質のまま今の環境にマッチして生きている動物」であり、進化的なかたちのウミウシは「新しい時代に現れた形質を得て、今の環境にマッチして生きている動物」です。それぞれがそれぞれのやり方で今の環境に適応しているのです。つまり頭楯目もミノウミウシも、「みんな違って、みんないい」。

鰓が引っ込む・引っ込まない

裸鰓類の最大勢力はドーリス類です。ドーリス類とは体が楕円形をした、進行方向前方に2本の触角、後方にフリフリした二次鰓のあるグループのこと。このグループを「顕鰓類《けんさいるい》（鰓孔がなく、体腔内に鰓を引っ込められないグループ）」（図12A）と「隠鰓類《いんさいるい》（鰓孔があり、その中に鰓を引っ込められるグループ）」（図12B）に分ける方法が採用されていた時代がありました。

ところで、なぜ鰓を引っ込められるウミウシと引っ込められないウミウシがいるのでしょう。この疑問を解明したいなら、あなたが夜道でいきなり誰かに殴りかかられた状況を想像してみるといいと思います。相手の大きさや武器（強さ）を確かめる前に「攻撃は最大の防御」とばかりに反撃に打って出るのは、アクション映画の主人公くらい。一般の人がそれをやったら、その人はちょっとバカ……、が言いすぎなら無謀です。とっさに物陰に逃げ込むか、大事なところ（頭）を腕やカバンでかばうのが通常の行動。

鰓は水生動物の呼吸器官で、たいへん重要な臓器のひとつです。鰓に比べたら外套膜なんか大したことはありません。多少魚にかじられたところで、内臓まで食い破られないかぎりウミウシは割と平気で生きています。中には食われる前に外套膜をさっさと自切するウミウシもいるくらいです（202ページ「自切するウミウシたち1」）。しかし鰓を食われるのはさすがにやばい。そこで一部のウミウシは「やばい」と感じた瞬間に鰓を鰓孔に隠す方向に進化したのだと考えられます。鰓を引っ込

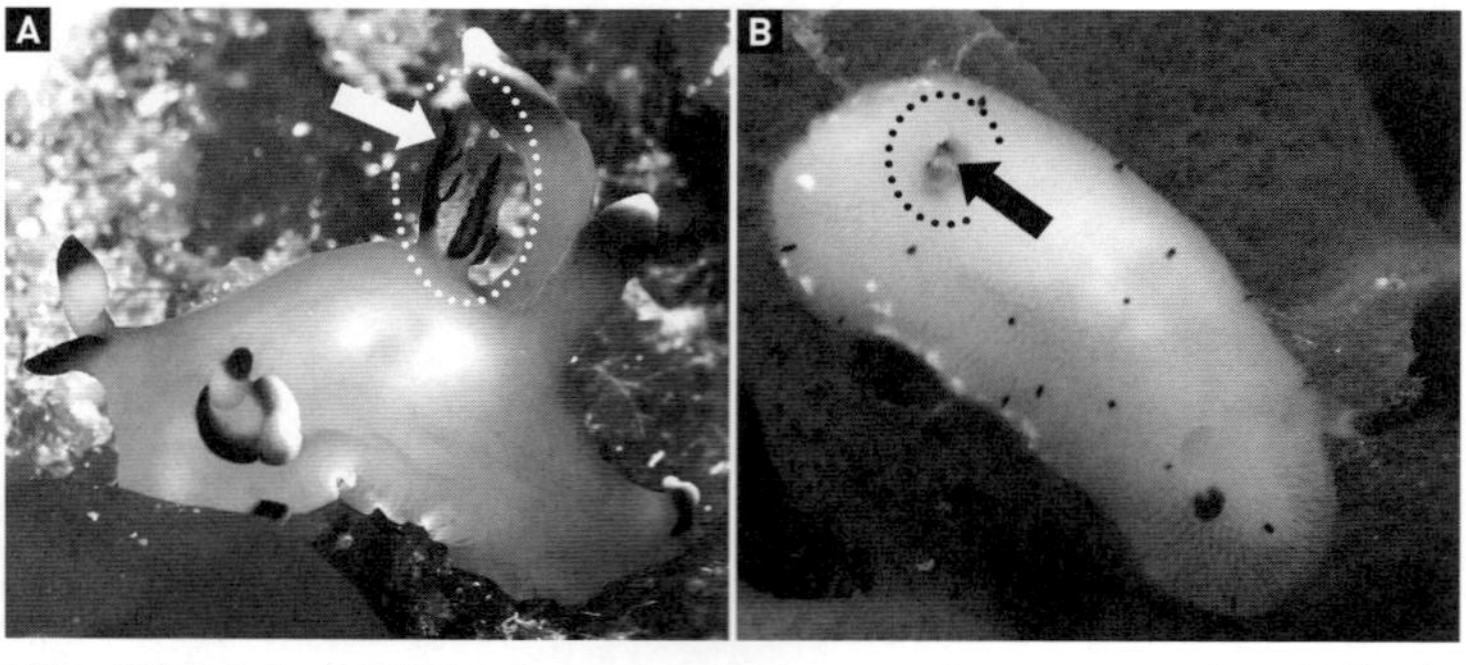

図12：顕鰓ウミウシと隠鰓ウミウシの例。A. ウデフリツノザヤウミウシは顕鰓類。鰓（矢印）の両脇に長大な突起がある　B. ブチウミウシは隠鰓類。まさに鰓をひっこめているところ

めない代わりに鰓や触角のプロテクターを背面に生じさせたのが顕鰓類。コトヒメウミウシの仲間のように、体を大きくしないことで鰓を隠さないで済むようになったグループもあるようです。

「簡単なかたちから複雑なかたちに」が進化の基本的な方向なので、顕鰓類のほうが原始的で、隠鰓類のほうが進化的であるとは言えます。けれど、もう一度書きますが、原始的なのはアホで、進化的なのが賢い、わけではありません。「鰓を隠さない方向に進化して、たまたま絶滅せずに生き永らえてきた」グループが顕鰓類。「鰓を隠す方向に進化して、たまたまうまくいった」グループが隠鰓類。そこに優劣はないのです。

歯なしのウミウシ

「顕鰓」と「隠鰓」という分類指標を使っていた頃、ドーリス類にはもうひとつ「孔口《こうこう》」という第3のグループも存在していました。孔口類にグルーピングされていたのはクロシタナシウミウシとイボウミウシの仲間で、口の中に歯舌《しぜつ》（↓95ページ「ウミウシの口の中」）がありません。前者は歯舌がないから舌無海牛。なるほどですね。歯なしでどうやって餌を食べるかというと、餌のカイメンを唾液で溶かしてから吸引します。ちなみにクロシタナシウミウシの鰓は鰓孔に引っ込みますが、イボウミウシの鰓は背面ではなく、背面（外套膜）の裏側と腹足の間に櫛状に並んでいます（図13）。これは鰓《さい》板《ばん》と呼ばれます。

※形質：生物のもつ形態や生理・機能上の特徴のこと。

図13：イボウミウシの仲間の鰓板を点で囲んで示した。外套と腹足面の間にあり、櫛状をしている

どこにどれだけいる？

海の中ならどこにでも

ダイビングをしない人にとって最もなじみ深いウミウシはアメフラシかもしれません。春の磯に行くと、つい踏んづけてしまうほど多くのアメフラシがそこかしこに転がっていますから、見つけるのはとても簡単です。「ウミウシ？　知ってますよ、踏んづけたら紫色の汁を出すアレでしょ」と言った人もいるくらいです。しかしアメフラシは数多《あまた》いるウミウシの一種でしかありません。

ウミウシはアメフラシのいる磯だけでなく、さまざまな水深の、さまざまな環境で暮らしています。垂直分布はかなりのもので、潮間帯から深海まで、それぞれの水深に適応したウミウシがいます。「海の牛」のくせに汽水域や河川、さらには陸上に進出したウミウシもわずかですが存在します（図14）。水平分布も大したもので、赤道直下の熱帯から北極・南極に至るまで、それぞれの環境にマッチしたウミウシがいます。つまりウミウシは「どこにでもいる」。

にもかかわらず見つけられない

とはいうものの、何の用意もなく海に出かけても、そうやすやすとウミウシを見つけることはできません。

その理由は大きくみっつあると私は考えています。先ず、ウミウシは多くの人がイメージしているよりもはるかに小さく、1~3㎝程度のものが多いこと。次に、背景とそっくりな色模様をしていて、その存在をヒトが認識できないこと（↓52ページ「ジャングルの中に隠れ住む」）。さらにウミウシは貝殻をもたないので、岩やサンゴなどの海底の基質のわずかな隙間にも入り込んで隠れることができること。光を好まず、できるだけ日の当たらないところに隠れて暮らすウミウシが多いため、人の目に触れにくいの

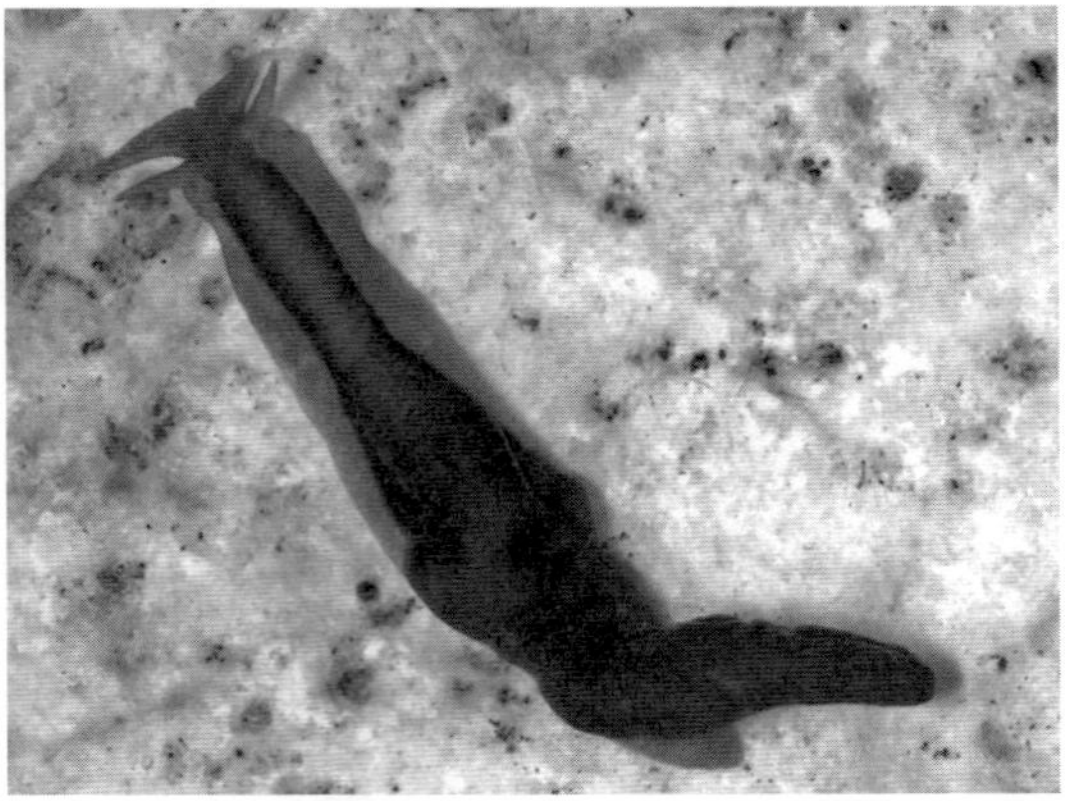

図14：マミズスナウミウシ属の一種 *Acochlidium* sp. 本種はフィリピンのマングローブ干潟（汽水域）の転石下から記録された。体長は8㎜（写真提供＝Ángel Valdés）

図15：シラヒメハナガサウミウシ。馬場菊太郎先生によって1955年に、相模湾の水深70mから採集された１個体をもとに*Tritonia insulae*と記載された（写真提供＝魚地司郎）

も見つけにくい理由のひとつです。あっ、よってでしたね。

こんなめんどくさい、もとい知略に長けた動物を数多く見つけられるようになった背景にはスキューバダイビングの普及があります。それ以前のウミウシを探す方法は主に磯歩きとスノーケリング。研究者は調査船に乗って行うドレッジ※やプランクトンネットなどの採集方法も用いていました。磯歩きやスノーケリングで見つかる潮間帯からせいぜい水深５mくらいまでにいるウミウシたちに交じって、水深50m前後のやや深い海に生息するシラヒメハナガサウミウシ（図15）が比較的古い時代に記載されているのは、ドレッジやプランクトンネットという採集方法のおかげです。

世界に何種いる？

「ウミウシは世界に何種いるか」もよく聞かれる質問です。これについては観察に基づく推計がなされており、2005年の時点で世界に5〜6,000種ほどいると考えられていました。ときどき自信満々に「世界に2,000種ほどいます。なぜならラドマン博士のシースラッグフォーラムに、そのくらい掲載されているからです」と言う人がいますが、それは正しくありません。ラドマン博士は私が神と仰ぐ、偉大なウミウシ研究者です（→41ページ「ウミウシの聖地が開闢する」）が、博士が何かの実験や観察に基づいて「世界に2,000種いる」と判断したわけではありません。諸般の事情で博士がシースラッグフォーラムの運営をやめると決断された時点で、フォーラムにアップされた種数がたまたま2,000種程度だっただけの話。拙著『日本のウミウシ』にさえ約1,500種を掲載しました。もし世界に2,000種しかウミウシがいなかったとしたら、日本近海以外の海にはウミウシはちらほらとしかいないことになってしまいます。

そう言うと今度は「それだけ日本にはウミウシが多いってことですね！」と目をキラキラさせるひとがいるのですが、それも残念ながら間違いです。

世界で最もウミウシ（だけでなく、海洋生物全般）の種数が多いのは、コーラルトライアングル（図16）と呼ばれる西太平洋の熱帯に広がる海域です。ちなみに2018年に刊行されたこの海域のウミウシ図鑑には2，138種が掲載されていますが、その図鑑に掲載されていないウミウシがフィリピンやインドネシアにはまだまだいます。さらには深海、淡水、極地と、ウミウシの種数がよく調査されていない海域は多く、スナウミウシの仲間のような極小ウミウシ、ヒミツナメクジのような陸生のウミウシは未だほとんど研究されていません。そこで私は「ウミウシは世界に何種類くらいいる

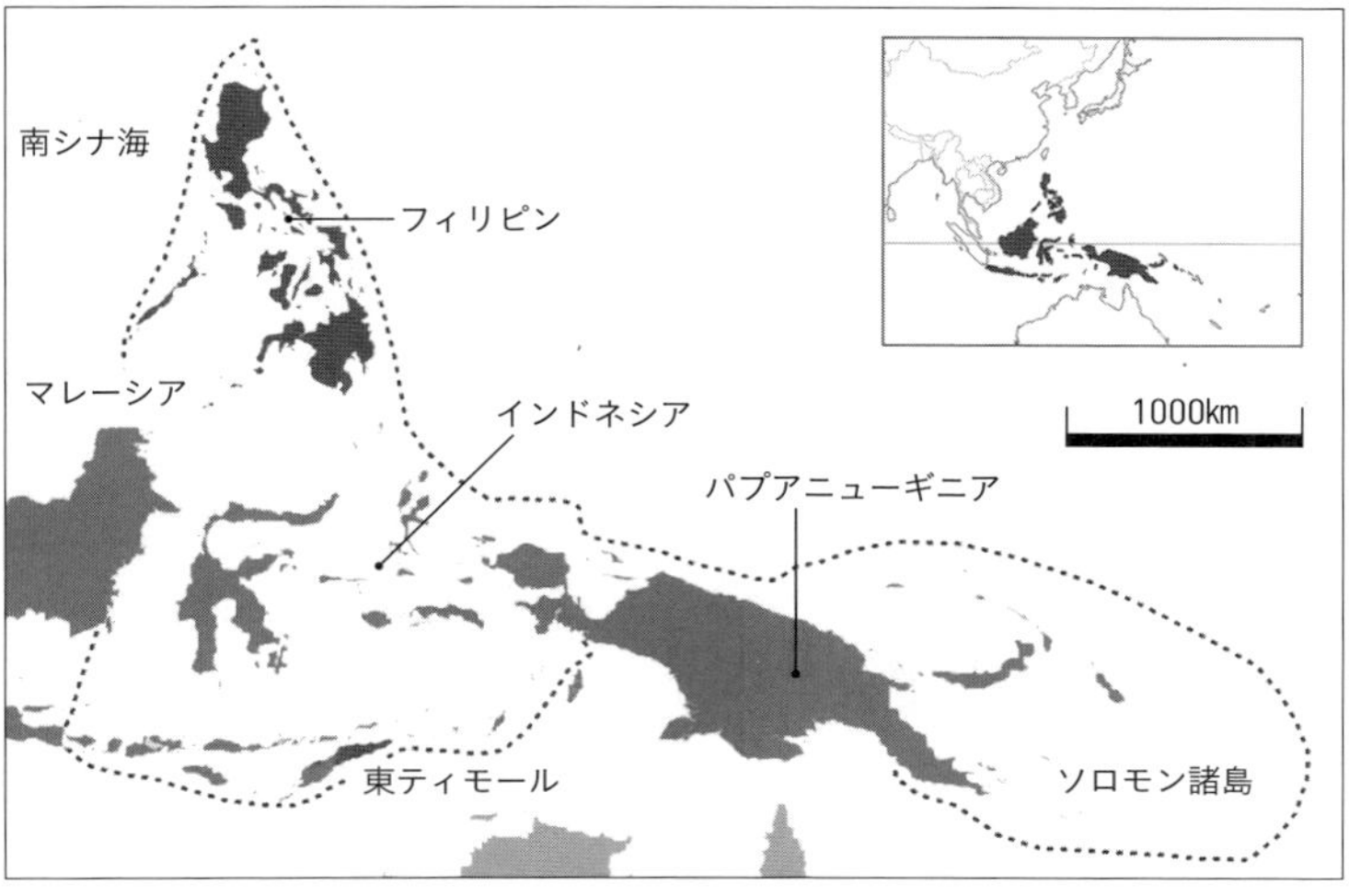

図16：コーラルトライアングル。点線で囲んだフィリピン、マレーシア、インドネシア、東ティモール、パプアニューギニア、ソロモン諸島一帯の三角形状の海域をさす。500種以上のサンゴが確認されている　White *et al*. (2014)をもとに作成

の？」とかるーいノリで聞かれるたびに「そんなの、わかるわけがないじゃないですか！」と、憤然と答えることにしています。

※ドレッジやプランクトンネット：調査船上から行う海洋生物の採集方法。ドレッジとは船からワイヤーで海底まで降ろし、海底を曳いてベントス（底生生物）を採集する器具。岩の多い海底ではドレッジが岩に引っかかって破損する可能性があるため、平坦な砂地などを曳くことが多い。プランクトンネットは虫取り網のようなネット状の採集器具で、先端に採集器がついている。海中に降ろして曳くことで中層を漂うプランクトンを採集する。水深や網目の大きさで採集できるものが異なる。

世界一大きな＆小さなウミウシは？

世界一大きなウミウシ

セミナーではさまざまなことを話しますが、意外なほど反響があるのがウミウシの体《たい》サイズについて。「ウミウシの多くは体長が1～3センチ程度です」と言うとびっくりする人が多く、参加者から「お話を聞くまで10センチくらい（と、親指と人差し指でL字型を作って）あるのかな？って思ってました」と言われたことも何度かあります。そのたびに「およその大きさは図鑑に書いといたんだけどなー」などと考えたり、10㎝もあるウミウシが海底にゴロゴロしているさまを想像して戦慄したりしています。

すると先の参加者が「それで質問なんですけど、世界一大きなウミウシって、何ですか？」。そこで私は我に返り、過去に見た最大サイズのウミウシの話をします。それは八丈島の海底で見た、というより遭遇したミカドウミウシ（図17）。岩の上にどーんといたので、指で測ってみたところ、約60㎝もありました。

ところでミカドウミウシは人気者のドーリス類とよく似た見た目をしています。違う点のひとつが背面を含む体の部分（外套膜《がいとうまく》といいます）のふちがゆるく内側にカーブしていること。体は全体に赤色で、カーブした外套膜のへりの内側は白色です。そしてつつかれるなどの刺激を受けると、ミカドウミウシはカーブした外套膜のふちをバッ！と広げます。白色部分がバッ！と目立ち、見た目の面積も増えるので、つついたほう（私ではなく、魚などの捕食者）はドキッとします。この動きをフラッシングといいます。

話を戻すと、八丈島で見たミカドウミウシの背面にはウミウシカクレエビが乗っていました。ウミウシカクレエビはミカドウミウシやニシキウミウシなどの背面に乗っていることが多い小さなエビです。ミカドがフラッシングをしたらウミウシカクレエビは落っこちてしまうかも、せっかくウミウシの背中でのんびりしているのに申し訳ないかな、などと一瞬思ったのですが、どうしてもフラッシングが見たくて外套膜をつついてみたところ、案の定ミカドウミウシはフラッシングをしました（エビは落ちませんでした）。フラッシングをして「ドキッとさせてやったから、もう大丈夫だろう」と油断した（？）ミカドウミウシをさらにつつき続けると、ミカドウミウシは「しつこいなあ」と言わんばかりに離陸し、外套膜をヒラヒラさせて泳ぎ始めました（図17）。グラマラスな外套膜をのたくって泳ぐさまが派手なスカートをひらひらさせて踊るフラメンコダンサーのように見えることから、

図17：遊泳中のミカドウミウシ

ミカドウミウシは英語圏ではスパニッシュダンサーと呼ばれていますが、水中でのたくるミカドウミウシを眺めて、「フラメンコダンサーというよりは泳ぐ座布団だなー」と私は思いました。ところでこの座布団、もといダンサーは案外持久力がなくて、1分程度で泳ぎ疲れて海底に沈んで転がってしまいました。それでも元いた場所からは離れられたので、ひとまず捕食者回避はできたつもりなのでしょう。

話を再び体サイズに戻すと、外套膜を広げた状態だと、八丈島のミカドは70㎝近くあったのではないでしょうか。相手は水中でのたくってるので、さすがにきちんとは測れませんでしたが。

セミナーなどではミカドの紹介をして大きなウミウシについての話は終わりにすることが多いのですが、実は上には上がいて、ゾウアメフラシというアメフラシの仲間は体長が70㎝以上になります。ゾウアメフラシも水中を泳ぐことが知られています。しかし泳法はミカドとは異なり、体の左右にある半円形の大きな側足（↓82ページ「もうひとつのB面」）をはためかせて泳ぎます。ミカドが「敵から逃れられるなら行先はどこでもいいや」的にめくらめっぽうにのたくるのに対して、ゾウアメフラシは「自分はあそこまで泳いで行きたいっす」的な強い意志を感じさせる泳ぎっぷりを見せてくれます。

世界一小さなウミウシ

肉眼で見ようと思って見られるいくつかの小型ウミウシのうち、最も有名なのがオカダウミウシ（口絵4図1）。体長は3〜4㎜程度ですが、目立つオレンジ色をしているので小さい割には見つけやすいと思います。潮間帯で、比較的平らな岩の裏などにオレンジ色のつぶつぶがついていたら、目を凝らして見てください。小さな触角が見えたら、それがたぶんオカダウミウシ。潮間帯の転石下にいるウズマキゴカイを餌にしているので、ゴカイの棲管《せいかん》が近くにあるかどうかも探す際の目安になります。

セミナーなどではオカダウミウシの紹介をして、小さなウミウシの話は終わりにします。しかし小さいほうにも上には上がいます。海底からバケツ一杯分の砂を採集してきて、その砂粒を少しずつシャーレに移し、顕微鏡で丹念に観察して、やっと見えるサイズのウミウシがいるのです！　名前もそのものズバリのスナウミウシ。スナウミウシ科にはスナウミウシ属、ミジンスナウミウシ属、マミズスナウミウシ属という3属がありますが、今まで存在が知られているものだけで10数種と、たいへんマイナーな分類群です。

スナウミウシの仲間についてをなぜセミナー中に話さないかというと、この仲間には雌雄《しゆう》異《い》体《たい》の種がいるからです。ウミウシビギナーの多いセミナーなどでは「私たちヒトのようにオスとメスがはっきり分かれているのは雌雄異体、それに対してウミウシは常にオスでもあってメスでもある、同時性雌雄同体なんですよ（↓104ページ「常にオスでありメスでもある」）」と話します。その舌の根も乾かぬうちに「雌雄異体のウミウシもいる」などと言うと多くの人は「わけわからん」になってしまいます。

さらに困ったことに、スナウミウシの仲間の中には淡水（真水）に棲むものまでいます。セミナーなどで「水中で貝殻がなくなる方向に進化したのがウミウシで、陸上に進出してから貝殻がなくなる方向に進化したのがカタツムリとナメクジ」と聞いたばかりのところに「陸上に進出したウミウシもいたんですよ」と聞いたらやっぱり「わけわからん」になってしまいます。混乱すると間違えて覚えてしまうのが世の常なので、セミナーではスナウミウシの話をしないことにしていました。それに正直いって私自身「1ミリあるかなきかのウミウシなんて、ほんとにいるの?」と長い間疑わしく思っていたことは否定できません。

もちろん私だってアメリカの研究者が発行した図鑑でスナウミウシの写真は見たことがあります。頼んで自分の図鑑にも写真を掲載させてもらいました。論文も1本か2本は読んだことがあります。名著『砂のすきまの生きものたち　間隙生物学入門』も読みました。しかしまだ自分の目では見ていない。自分の目で見て納得していないことには納得できない、いや、してはいけない。

2023年の7月某日、大阪・岸和田の〈きしわだ自然資料館〉を訪ねて走査型電子顕微鏡を使わせていただいていた時のことでした。学芸員の柏尾翔さんが「中野さん、時間あったらスナウミウシ(図18)、見てみます? 今ちょうど顕微鏡にセットしてあるんですよ」。

脊髄反射的に「見せて見せて!」と私は言って、柏尾さんがセットしてくれた実体顕微鏡を覗き込むと。

……砂粒しか見えない。

柏尾さんを信用していないわけじゃないけど、見えないものを見えたというわけにはいきません。むむむむ? と困惑する私を見て柏尾さんが、

「スナウミウシは、体サイズの割には速く動くので、シャーレを動かして見てください」

生きているウミウシをシャーレに入れて、シャーレをわずかに動かしながら観察する。いつもやっていることです。違うのは見ているウミウシのスケール感が違うこと……慎重にシャーレを動かしているうち、

……いた。

『砂のすき間の生きものたち』に載っていたミジンスナウミウシの一種そのものが、目の前というか顕微鏡にセットしたシャーレの中で、砂粒と砂粒の間をくねくねと動いています。スナウミウシって本当にいたんだ！

おお。と、驚きとも喜びともつかない声がもれました。

「きれいですよね。骨片がキラキラしていて」

世界一小さいウミウシの圧倒的な美しさに、「うう」とか「ああ」としか返事ができません。まばたきしたいのを必死にこらえて、私は顕微鏡を覗き続けました。すると、あちらも頭をもたげ、こちらを見返してきたのです！

誰かと目があってドキドキしたのはいったい何年、いや何十年ぶりのことだろう。そう思いながら私はスナウミウシを見つめ返しました。そしてこらえきれずにまばたきをした次の瞬間、そのスナウミウシは私の視界から去っていきました。

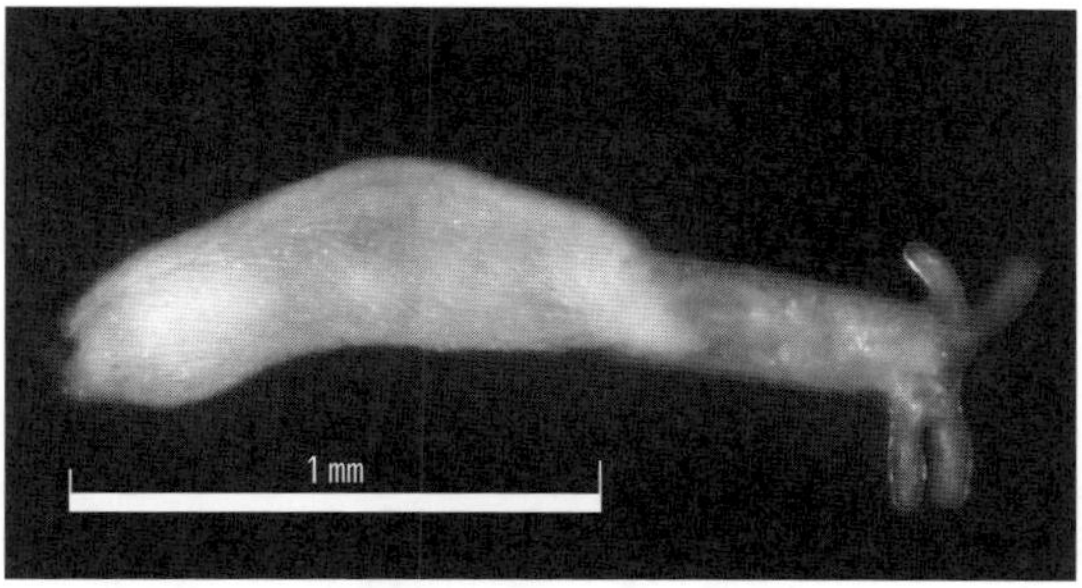

図18：日本海で採集されたスナウミウシの仲間。スケールバーは1㎜（写真提供＝柏尾翔）

ウミウシのB面

ウミウシのA面とB面

私の趣味のひとつである読書（特に漫画）と同様、音楽の楽しみ方も今やすっかりデジタルです。漫画は紙媒体から電子媒体に変わりましたが、音楽はレコード→CD→ダウンロードへと変遷しました。レコードを知らない人のために少し書いておきますと、レコードとはそれをレコードプレーヤーに乗せて、その上にレコード針を落とすとスピーカーから音楽が流れ出る、薄い円盤状の物体のこと。レコードにはA面とB面があり、直径17㎝ほどのシングルレコードでは音楽会社の売りたい曲がA面に、A面とはちょっと毛色の違う曲がB面に収録されていました。直径が30㎝ほどあるLPレコードでは、A面B面それぞれに3～5曲、両面で1時間ほどの楽曲が収録されていました。しかし私が今ここで言いたいことは1曲単位でダウンロードして聞く今のスタイルと昔のレコードのどちらがいいかを喧々囂々《けんけんごうごう》することではなく、ウミウシにもB面がある！　ということ。長々と引っ張ってしまってすみません。

ウミウシの中で最も種数が多いグループであるドーリス類は、楕円形または長円形で、進行方向に2本のツノ＝触角があり、反対側には花のようにフリフリしたもの＝鰓があります。触角と鰓がついているのはウミウシの背側、つまり背中です。私たちはいつもウミウシの背中を見て「かわいい」「色がきれい」と言っているのですね。そのかわいい色合いや多彩な模様から、私たちはそのウミウシが何ウミウシかを見分けているので、背側がウミウシのA面と考えていいと思います。その反対側つまり腹側がウミウシのB面。ウミウシ学的には腹足《ふくそく》と呼ばれます。

ウミウシのB面は海底に面しているので、B面を見たいなら見つけたウミウシを採集して、透明な採集ケースに入れてみましょう。ケースに放り込まれたウミウシは最初はケースの下に転がっていますが、そのうちケースに張りついて、そろそろと這い始めます。その時にケースを覗き込めばウミウシのB面を見られます（図19）。

B面は背面の真裏、内臓を包んでいる（おなかに相当する）部分と、海底を這うための足の部分の2層に分かれています。だから腹足なのですね。B面を見て驚くのは、A面に比べてたいへん地味であること。おなかが背中と同じ模様のウミウシもいますが、海底を這う足の部分は多くのウミウシが単一色です。アオウミウシの足は真っ青だし、シロウミウシの足は真っ白

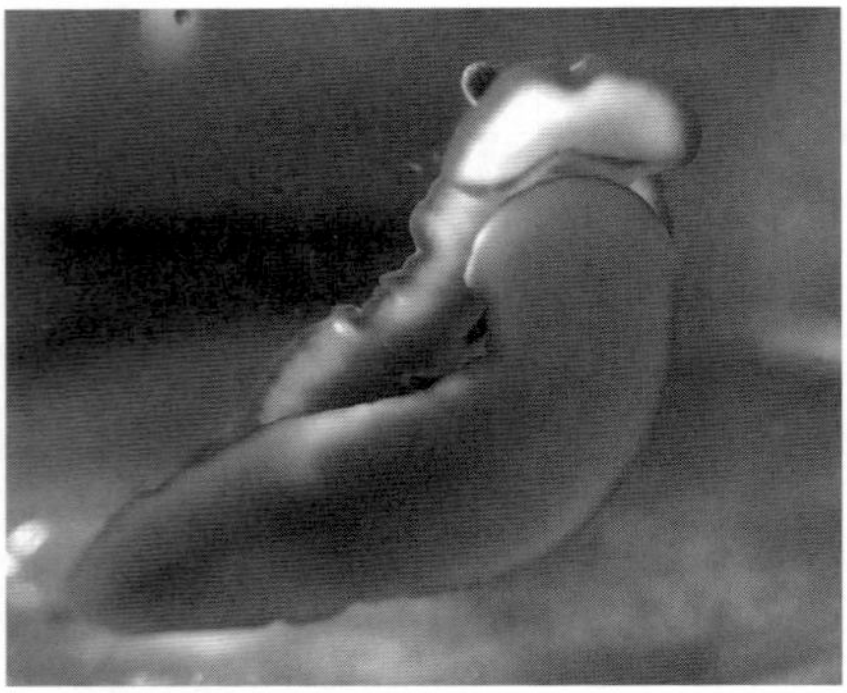

図19：採集瓶に張りついているハナオトメウミウシのB面。瓶や水槽に入れるとB面が観察しやすい

です。A面は外敵に見える側なので派手になる理由はわかりますが（↓48ページ「なぜウミウシはかわいいのか」）、B面は海底に面した側、誰に見られるわけでもないので、色を配する必要はなかった、ということでしょうか。

　ところがA面に劣らずB面も妙に派手なウミウシがいます。クモガタウミウシの仲間です。

　クモガタウミウシ類は楕円形をした、私たちが「ウミウシ」と聞いて即イメージする、アオウミウシなどイロウミウシの仲間によく似たかたちをしたウミウシです。イロウミウシの仲間と違う点は、体が硬いこと、体の一部（外套膜）が欠けやすいこと、背面全体が微小なつぶつぶにおおわれていること、背面の縁《ふち》が少し波打っていること、そしてB面が派手なこと。B面は種ごとに特徴的な色模様があり、これがクモガタウミウシ属の種を見分ける際のチェックポイントとなっています（図20）。

　それにしてもクモガタウミウシのB面、どんな理由があってあんなに派手になったのでしょうね？

クモガタウミウシは潮の引いた磯で、腹側を上にした仰向けの状態、ウミウシ的には裏返しの状態でいることがよくあります。これは他のウミウシには見られない行動なので、このあたりに理由がありそうです。今まで見てきたウミウシの防御行動パターンから考えると、派手なB面は警告色の機能を果たしているのかもしれません。オレにかかわるとケガをするぜ、というやつです。もしそうだとして、ではクモガタウミウシは誰に向かって警告を発しているのでしょう？　一説によると、空から襲ってくる敵つまり鳥に向けて

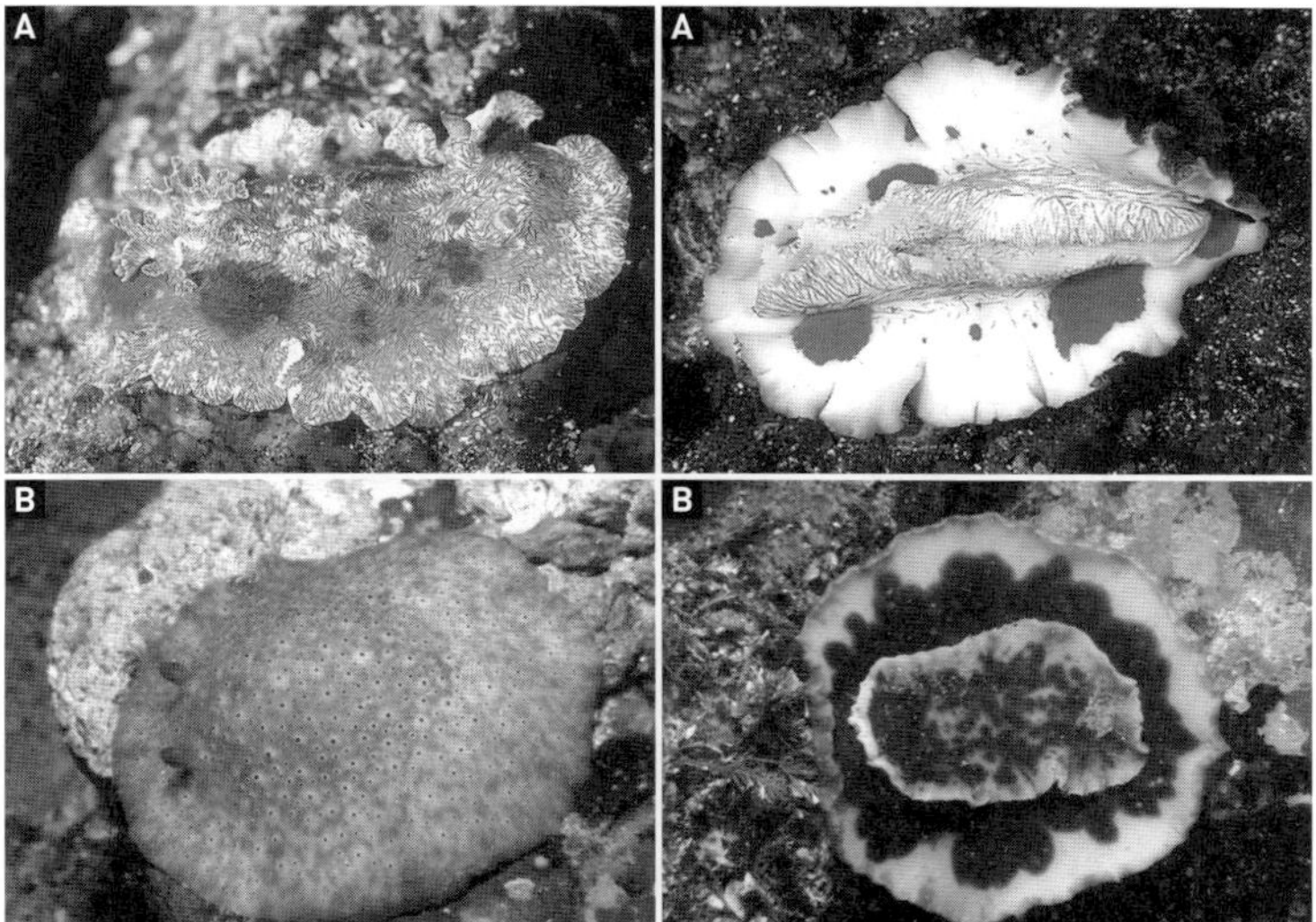

図20：クモガタウミウシ類２種のA面（左）とB面（右）。A. ユウゼンウミウシ（写真提供＝田中幸太郎）　B. *Platydoris rubra*

の警告だそうですが、果たしてその真偽や如何に。誰か調べてみませんか？

もうひとつのB面

頭楯目《とうじゅんもく》、嚢舌目《のうぜつもく》、アメフラシ目に属するウミウシたちは、クモガタウミウシやアオウミウシなどの属する裸鰓目《らさいもく》とは異なり、B面に腹足だけでなく側足《そくそく》があります（図21）。

側足とは腹足の両側が膜状に広がって、あたかも餃子の皮のように具、もとい体を左右から包む器官のこと。かたちはコノハミドリガイ（口絵4図2）などのように体の正中線上で側足が重なるもの、ブドウガイ（口絵4図3）やキセワタガイなどのように、正中線上で重ならずに側足の隙間から内側にある体が見えるもの、フウセンウミウシのように左右の側足が融合してしまっているもの、ササノハミドリガイ属の種のように側足がすっかり退化してしまったもの、フリソデミドリガイのように側足が分裂して2対になり、かつ長く伸びて妙にデコラティブになったもの（図22C）などさまざまです。側足の機能は体の保護。遊泳器官として用いる種もあります。頭楯類のウミコチョウ類、アメフラシ類のウツセミガイ、ゾウアメフラシは、側足をはためかせて遊泳します。クロヘリアメフラシは側足を真横にピンと広げて滑空するように泳ぎます。

※正中線：左右対称の動物の腹面または背面の中央を頭部から縦にまっすぐ通る線。

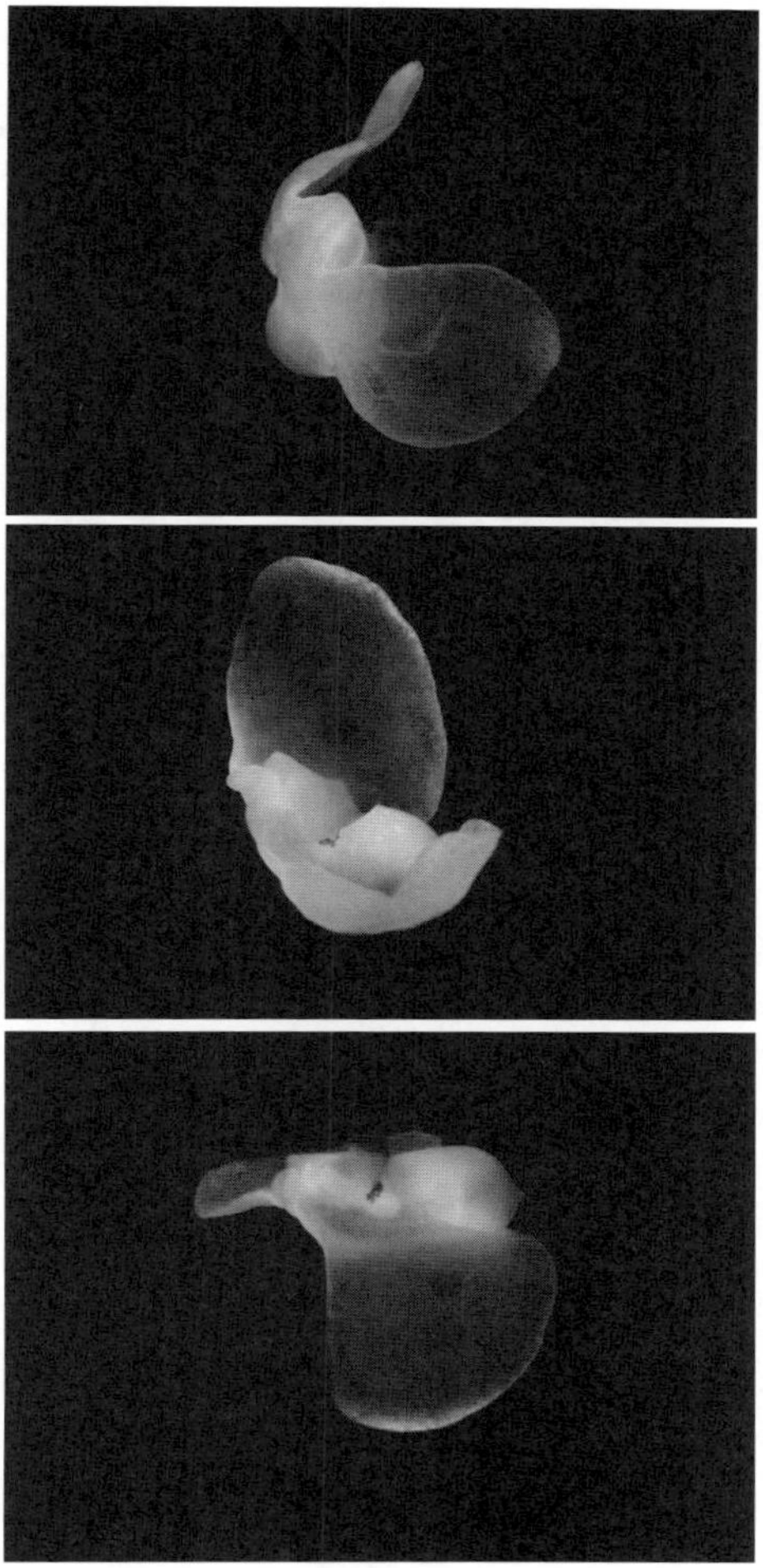

図21：遊泳中のキイロウミコチョウ。ウミコチョウの仲間は体の左右両側にある側足が発達している。よく泳ぐ種とそうでない種があり、キイロウミコチョウの他にムラサキウミコチョウ、アユカワウミコチョウはよく泳ぐ（写真提供＝社本康裕）

ウミウシの目と鼻と口とヒゲ

ウミウシの目

ウミウシに目があることを知っている人はウミウシ学的には中級者。ですが、触角の先端に目があると思い込んでいる人が案外多いようです。たしかにウミウシの親戚であるナメクジやカタツムリの中には触角の先端に目がある種も多くいますが、ウミウシは目が触角の先端ではなく付け根の周辺にあります。この目、ウミウシ学的には眼点《がんてん》といいます。

眼「点」というくらいなので、見た目はただの黒い点。眼点は直接外界に接してはおらず、表皮の下に埋もれています。だから濃い色や派手な模様のウミウシの眼点は外からは見えません。眼域の表皮が白色など薄い色をしたウミウシの場合のみ、眼点の存在が外からも確認できます（図22）。では本人たちには外の世界がどう見えているのか？

この疑問について、今や古典的教科書となったユクスキュルさんとクリサートさんの著書

『生物から見た世界』には「(軟体動物の見る世界は)明るい平面と暗い平面とからなる」と書かれています。つまりウミウシは明暗くらいしかわからないらしい。

最初は「講釈師見てきたようなナントカを言い、みたいだな(笑)」と少し疑ってかかっていたのですが、実際にウミウシを解剖してみて、ユクスキュル・クリサート説に納得しました。少し具体的に書くと、ウミウシの視神経は脳神経節という組織とつながっていて、脳神経節は体側《たいそく》神経節、足《あし》神経節などの各神経節と、頭部のやや下あたりでつながって首

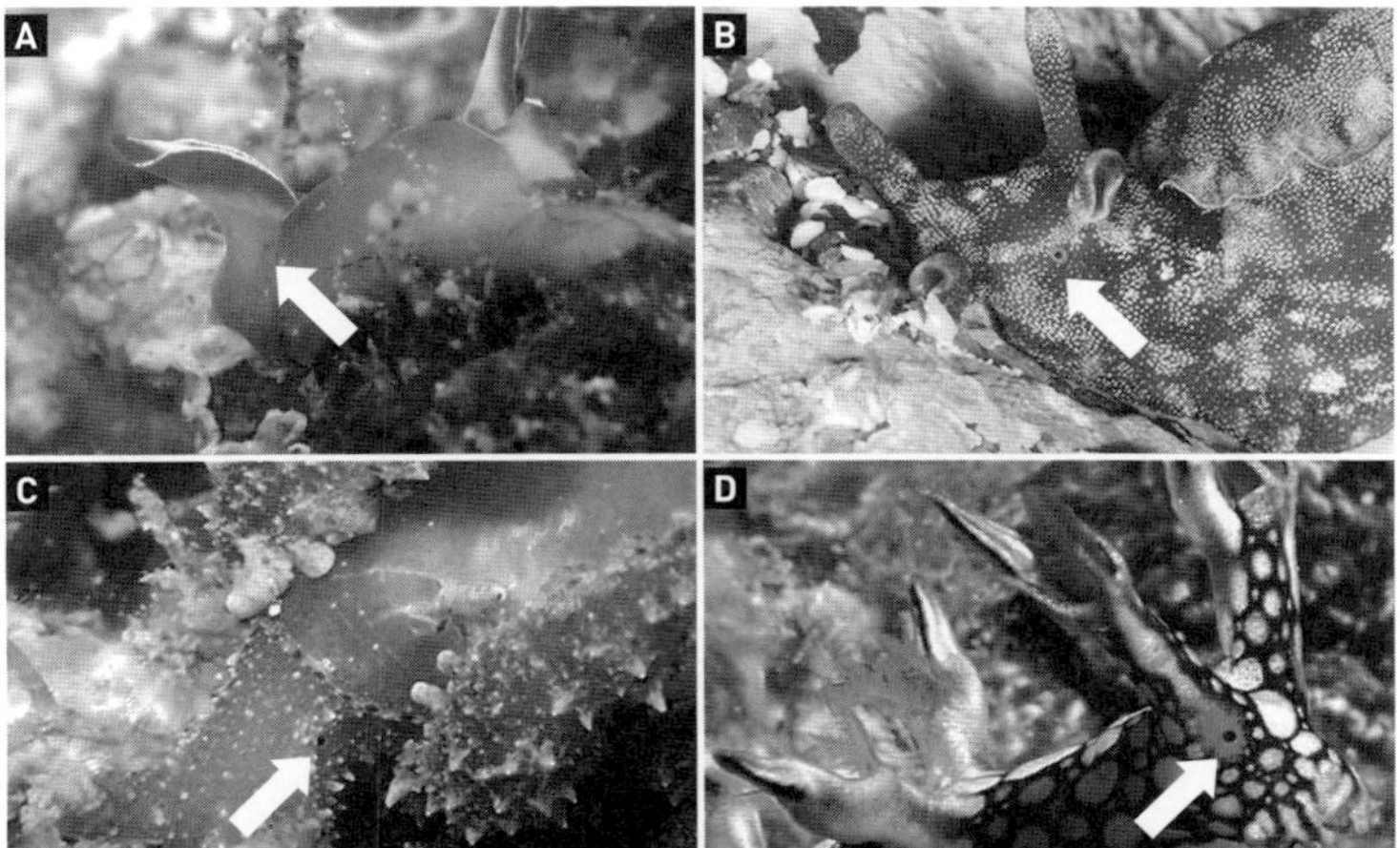

図22：眼点が体表から透けて見えるウミウシ。 A. ムラサキウミコチョウ。B. クロヘリアメフラシ。本稿にはまったく無関係な話だが、アメフラシの目は「どこを見ているかわからない」「この世ではないものを見ているようだ」「イってしまっている」「シャブ中の目だ」など散々なことを言う人がいる一方で「かわいい」という人も多い(写真提供＝松田早代子) C. フリソデミドリガイ D. ヒオドシユビウミウシ

飾りのような環状のネットワークを形成しています（図23）が、そのネットワークは単純でヒトのような複雑な構造の脳はなく、脳未満の簡素な神経節が複数あるだけだったのです！

眼点はさほど重要な分類形質ではないし、機能的にも大したことはなさそう（一説によるとドーリス類の多くの種では10％以下の光しか感受しないらしい）なので、私は今まで神経系よりも口器と生殖器官に重きを置いてウミウシを解剖してきました。神経系の研究をしている皆さんすみません。反省して今後はウミウシの眼点を含む神経系を比較・観察してみようかと思います……時々は（笑）。水中では眼点のありそうな箇所に水中ライトを当てる時と当てない時の行動を観察するとかどうでしょう。小学生の夏休みの自由研究にもいいかも。

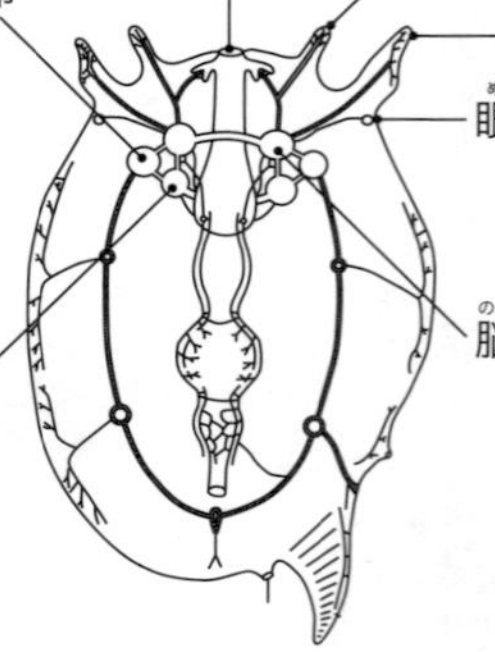

図23：頭楯類の神経系の模式図。巻貝類は体が貝殻の中でねじれているので、消化器と同様神経節も8の字にねじれている。進化とともにねじれ戻りが生じ、原始的なウミウシ類では神経系は環状になる。また左右に対をなす主要な神経節（脳神経節、体側神経節、足神経節）は口から食道までの咽喉を囲むように中央神経系が形成される。Guiart（1901）をもとに作成

ウミウシの鼻

　多くのウミウシの背面に生えている2本のツノを「触角」といいます（図24）。たまに「耳」という人がいますが、たしかにアメフラシなどでは耳に見えなくもありません。しかしウミウシの触角は聴覚を司る感覚器官ではありません。では触角は何をするためのものの？

　「輪があったり凸凹していたりとバラエティ豊かなので、個性を彩るアクセサリーだ」という人もいれば、「角っていうくらいだから相手を突き刺す武器なんじゃないの？」「触角っていうくらいだから、触ることで対象が何かを認識するための器官に違いない」という人も。しかし触角はアクセサリーでも武器でもタッチセンサーでもなく、正解は鼻！

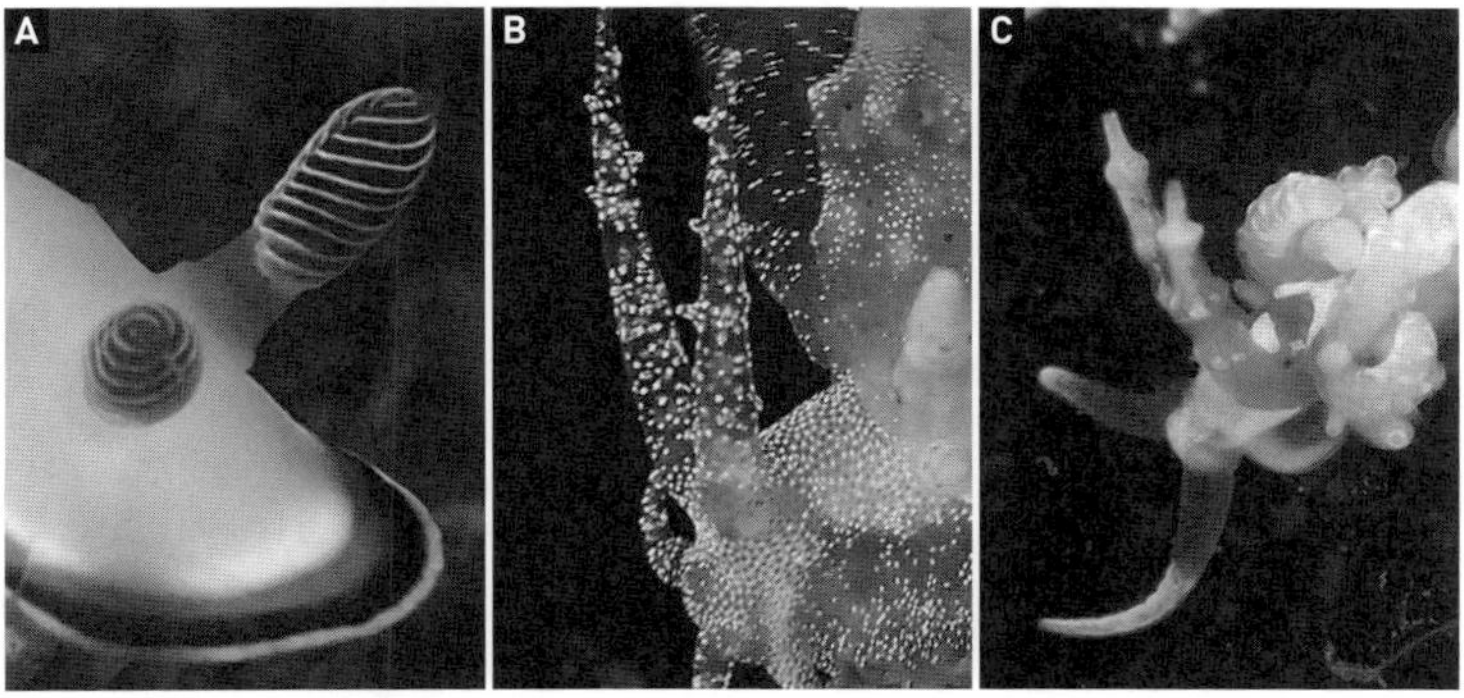

図24：さまざまな触角。　A. ミナミシラヒメウミウシ　B. ツノワミノウミウシ　C. チゴミノウミウシ（写真提供＝山田久子）

「ちょっと待って。ウミウシは海の動物、鰓呼吸する動物でしょ。なのになんで『鼻』といえるんですか」と聞かれたことがありますが、それは触角には、鼻のもつ「呼吸する」とは別の機能、すなわち「匂いをかぐ」という機能があるからです。

こう言うと「水中でどうやって匂いをかぐのさ。水中でカレーの匂いなんかしないし」と突っ込んでくる人がいるのですが「匂い」ではなくて「化学物質」といえばわかりやすくなったかな。いかがでしょう。

海中を漂うさまざまな化学物質のうち、生きるのに必要な化学物質＝匂いを検知するのが触角＝鼻の役目です。必要な匂いとはまず「餌」の匂い、ついで「配偶者」の匂いです。匂いをキャッチするのは匂いセンサー（嗅覚受容体）です。匂いセンサーの感度が良ければ良いほど餌や配偶相手を見つけやすくなる、つまり生存に有利です。匂いセンサーの感度を上げるにはセンサーの表面積を広げるのがよさそうですが、巨大な触角が頭部にあると重力や水の抵抗などで移動が困難になります。そこでウミウシは一計を案じました。巨大な触角を折りたたんだらどうだろう？　そうすれば見た目はコンパクトなままで、表面積を広げられる！

といっても、ウミウシが「触角の表面積を広げてやろう」と頑張った結果、触角がギザギザになったり京都タワーのようなリング状の突起ができたりしたのではありません。そう考える人が多かった時代もありましたが、現在では「たまたまそのように生まれた」個体が「うまく環境に適応できて生き残り」「その形質が子孫に受け継がれた」結果、そう進化したと考えられています。もう少し詳しくいうと、ウミウシの祖先の触角が「たまたま」そういうかたちに突然変異して——といっても劇的な変化ではなく、ほんの少し凹凸ができたとか、ほんの少し溝ができたとか、その程度ですが——、その匂いセンサーの調子がよかったので（他にも理由はあったかもしれませんが）他の個体よりも多く生き残って子を産み、産んだ子のうちその形質を受け継いだ子が受け継がなかった子よりも多く生き残り、その子がその形質を受け継いで、という具合に世代を重ねた結果、複雑な形の触角をもつ現在のウミウシに至ったと考えられます。トゲトゲもリング状突起も、それぞれがそのウミウシにとっての最適解だったのですね。

一方で、ひとつの凹凸もない、つるんとした触角をもつウミウシもいますが、そのウミウシはそれで問題なかったのです。問題があれば絶滅しているはずなので。進化するにつれ形質は複雑化・大型化していくものですが、複雑化しなくても、環境に適応できればそれでOKってことです。もちろん今までOKだった＝現在地球上にいるウミウシだって、この先地球環境が激変したら絶滅する可能性はゼロではありませんが……。

ウミウシのヒゲ

ウミウシの鼻的器官は触角の他にもうひとつあります。それは口の脇にあるヒゲ。専門用語では口触手《こうしょくしゅ》といいます（図25）。頭触手《とうしょくしゅ》と呼ぶ研究者もいますし、ミノウミウシ類のもつ長い触手のみを頭触手、他を口触手と呼び分ける人もいます。英語ではすべてOral tentacleです。

ちょっと難しいですが、嗅覚や味覚などの化学覚は「接触化学覚（直接触れてわかる感覚）」と「遠隔化学覚（空気や水などの溶媒に溶けてわかる感覚）」のふたつに分けられます。口触手は地面に触れる位置にあるため、海底に残ったさまざまな匂いから餌と交尾相手の匂いを検知する接触化学覚の器官、つまりタッチセンサーです。一方海底からは遠い位置にある触角は、海水に含まれる餌と交尾相手の匂いを検知する、遠隔化学覚の器官です。とはいっても、ウミウシは触角と口触手を常に厳密

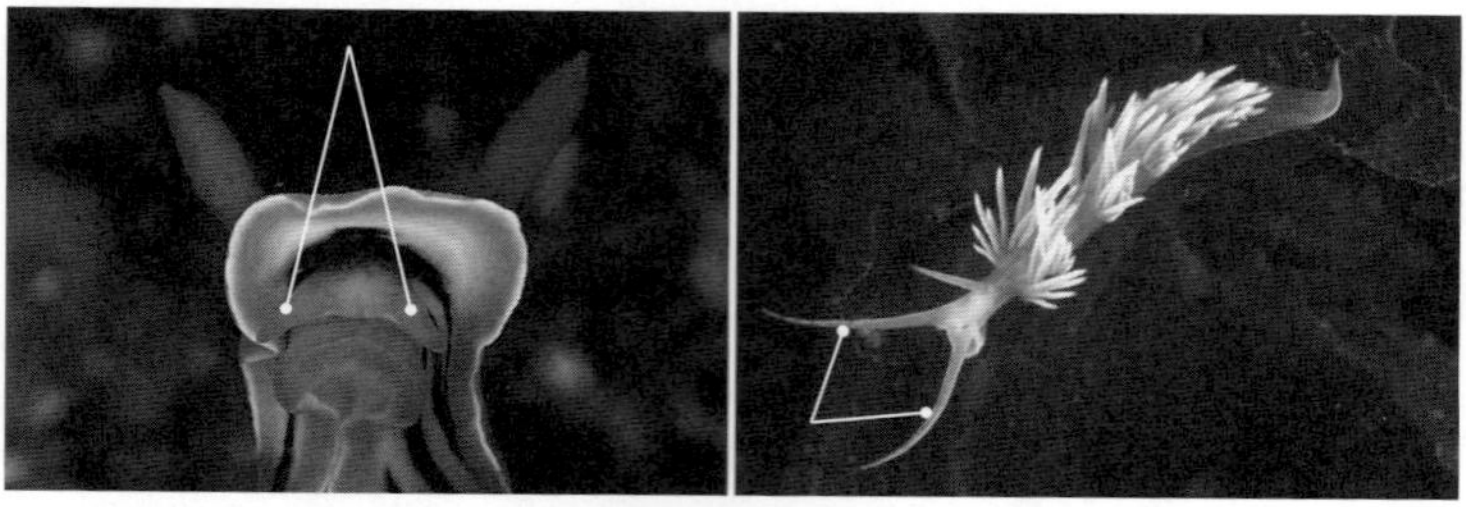

図25：さまざまな口触手。引き出し線で示す　A. コールマンウミウシの口触手　B. サクラミノウミウシの口（頭）触手（写真提供＝出羽慎一）

に使い分けているわけではなさそうです。ウミウシは時々体の上半分を海底から持ち上げて、頭部を左右に振る行動をとりますが、あれは触角と口触手の能力をフル動員して餌を探しているのではないかと思われます。

ヒトを除くすべての動物は「生き延びて大人になる」ことと「子孫を残す」ことだけが生きる目的。「生きるべきか死ぬべきか」などと悩むのはヒトだけです。その点ウミウシ（に限らず、ヒト以外のすべての動物）はシンプルです。生まれる→食べられずに食べて生き延びる→相手を見つけて交尾する→子孫を残す→死ぬ。そんな迷いなきウミウシ生の重大局面のいちいちに重要な役割を果たすのが触角と口触手なのですね。

エラっぽいものとヒゲのようなもの

エラっぽいもの

私たちヒトは基本的に視覚を頼りにして生きていますが、それでも暗闇では嗅覚と触覚を頼りにします。視覚の発達していないウミウシならなおのこと。その嗅覚を司るのが触角であり口触手であると前項に書きましたが、では頭部に触角も口触手もない、つるつる頭のウミウシたち（頭楯類）は、どうやって世界を認識しているのでしょう？

頭楯類、一部のルンキナウミウシ類、原始的なアメフラシ類、原始的な嚢舌類には感覚器官の一種である、ハンコック器官（図26）があります。ハンコック器官は櫛状または羽状をしていて、頭部の左右、頭楯と腹足の間にあり、味

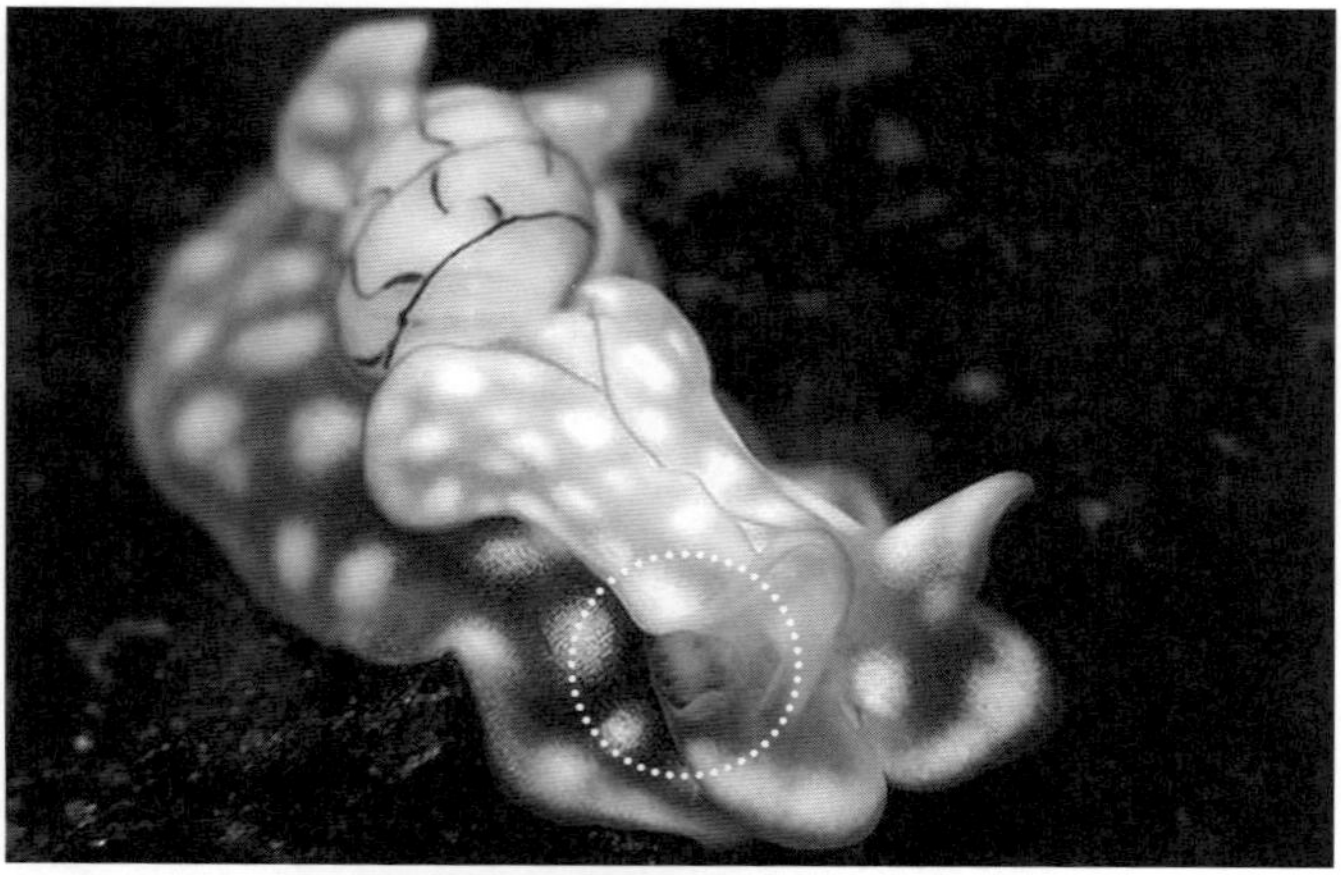

図26：コンシボリガイの頭部。丸で囲んだ箇所にある、触角様突起と腹足の間に見えるヒダヒダしたものがハンコック器官。余談だが、八丈島の〈コンカラー〉の田中幸太郎さんから10年ほど前に「うちのゲストが撮影してくれたんだけど、このコンシボリガイの頭のところにあるヒダヒダは何？　もしかして鰓？」という質問とともにこの写真が送られてきた。当時はまだ教科書の図版でしかハンコック器官を見たことがなかった私はものすごくコーフンして「これは！　なんと！　ハンコック器官ではありませんかー！」と極太角ゴチックのような大声で返事をしてしまい、コウタローくんにたいそう引かれた思い出がある（写真提供＝飯島美智）

覚と触覚と嗅覚を司っています。小さな動物の頭楯の下に隠れるように存在しているハンコック器官、見られるチャンスはあまりありませんが、頭部を熱心に覗き込んだらいつか見られるかもしれませんよ。

ヒゲのようなもの

頭楯類にはもうひとつ、感覚毛（感覚剛毛）というタッチセンサー的役割を果たす器官をもつものもいます（図27）。感覚毛は頭部の前縁にある、レレレのおじさんの髪の毛のようなヒゲのこと。バカボンのパパの鼻毛のようなヒゲ、と言ったほうがわかりやすいかもしれません。かえってわかりにくいかな。

この髪の毛でもヒゲでもない、感覚毛は基部で神経とつながっており、頭部の先にあるものが何であるかを触れることで検知します。そしてそれが餌だった場

図27：ニシキツバメガイの頭部拡大写真。頭部の前縁に並んでいる白っぽいヒゲのようなものが感覚毛（写真提供＝竹内久雄）

合は即座に捕食行動に移ります。

セミナーなどで感覚毛の話をするたびに、鹿児島の錦江湾《きんこうわん》で観察した、カラスキセワタが餌（たしか小型のアメフラシ類）に触れた時の光景を思い出します。餌に触れた瞬間にカラスキセワタはぐわっと頭をのけぞらせて餌に襲いかかりました。しかし触れられたほうも電流が走ったかのように反応し、体をよじらせて捕食者から逃げたのです。触るほうはともかく触られたほうが、なぜ瞬時に敵に触られたとわかったのかは謎なのですが……、自由生活者※を餌にするカラスキセワタにとって、感覚毛はレレレのおじさんの髪の毛というよりも、座頭市の仕込み杖のようなものかもしれません。

※自由生活者：ホスト（宿主《しゅくしゅ》）に寄生したり海底の基質に固着したりせず、自らの意志で自由に動き回れる動物。ヒトは本来自由生活者であるが、メス個体の家で寄生生活を送ったり成体となっても親の家に固着する個体もあるようだ。

ウミウシの口の中

ウミウシの口

ふだん私たちはウミウシのA面つまり背中ばかりを見ていて、B面つまり腹足《おなかがわ》にあるウミウシの口を見る機会はなかなかありません。しかし食痕（図28）を見ると「たしかに口はB面にある」ことを実感できます。口絵４図５は樹枝状のカイメン上にいたウミウシの口もとを私が激写したものです。といっても千載一遇のシャッターチャンスをものにした、というほどのものではなく「八丈島でよく見る細長いカイメン、あれについているウミウシなら口を簡単に

図28：ヒロウミウシが被覆状のコケムシに残した食痕（矢印で示した部分）（写真提供＝川上真一）

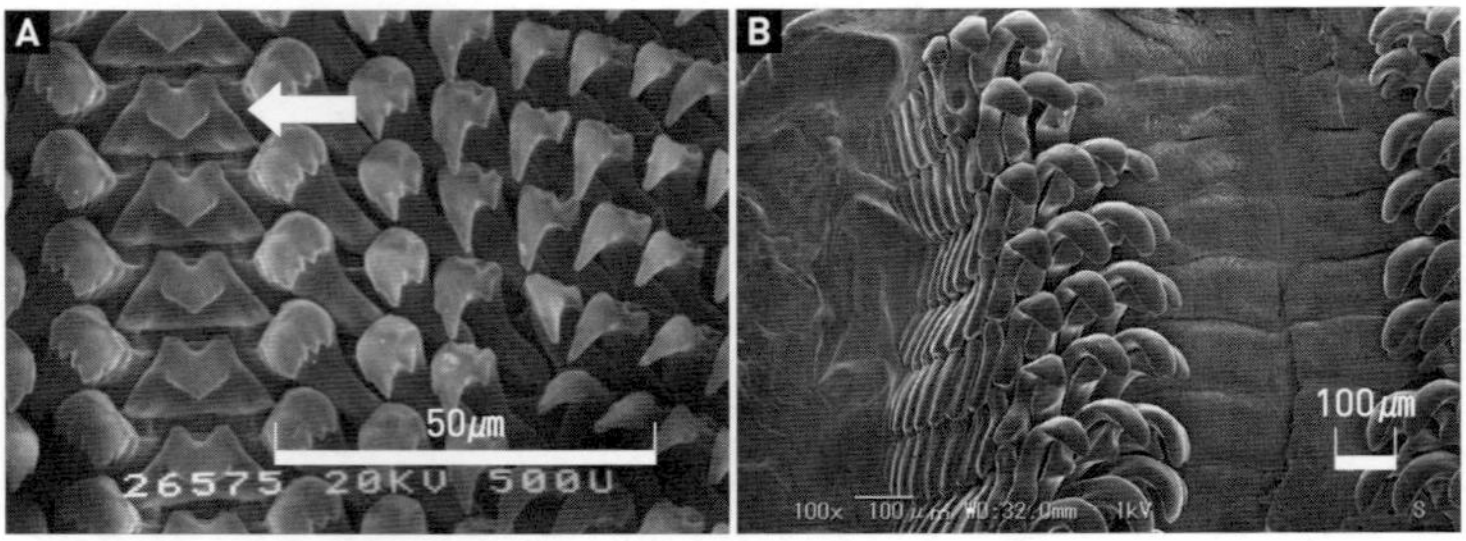

図29：ウミウシの歯舌の走査型電子顕微鏡（SEM）写真。　A. アマクサアメフラシの歯舌。矢印で示した歯が中央歯（中歯）。スケールバーは50μm。写真＝Wikipedia　B. ニンジンヒカリウミウシの歯舌。本種には中央歯（中歯）がない。スケールバーは100μm

撮影できそうだ」と思って潜りに行ったら、本当に簡単に撮影できてしまいました。ウミウシの口を撮るなら八丈島に限ります。

ただしこの状態では、口は単なる丸い球にしか見えません。この球状に見える口（ヒトにたとえるなら唇の部分）の奥に、まさに球状をした口球《こうきゅう》という摂餌《せつじ》器官があるのです。口絵4の図6は、これから餌を食べようと口から口球を出しかけているところ。次ページの図30Bでは、口の中にある「歯」が見えかけています。

ウミウシの歯

ウミウシの歯は人間の歯のように上下に分かれておらず、大根やわさびをすりおろす、おろし金に似た形状をしています。これを歯舌《しぜつ》といいます（図29）。ウミウシの歯舌の半分ほどは口球の中に筒状にまるまって埋まっていますが、先端では筒が広がり、口球表面に張り付いています（図30A）。ウミウシはこのおろし金状の歯舌で餌のカイメンなどをゴリゴリとこそげ取って食べるのです（図30B）。

歯舌の中央にある歯を中央歯または中歯、その隣にある歯を側《そく》歯《し》、最も外側にある歯を縁歯《えんし》といいます。それぞれの歯のかたちや数はグループ（分類群）ごとに特徴があります。たとえば頭楯類の多くは歯がたいへん多く、ミノウミウシ類の歯は非常に少ないのが特徴です。歯の数は歯《し》舌式《ぜっしき》※1というフォーマットで示されます。歯舌のかたちは食性と関係が深く、たとえば嚢舌類はナイフ状の歯が1列に並ぶ特徴的なかたちをしています（↓192ページ「ベジタリアンなウミウシたち」）。一方、他のウミウシを捕食するキヌハダウミウシ類の歯舌はおおむね鋭く、その鋭い歯で餌ウミウシの肉をキャプチャーするありさまが窺い知れます。

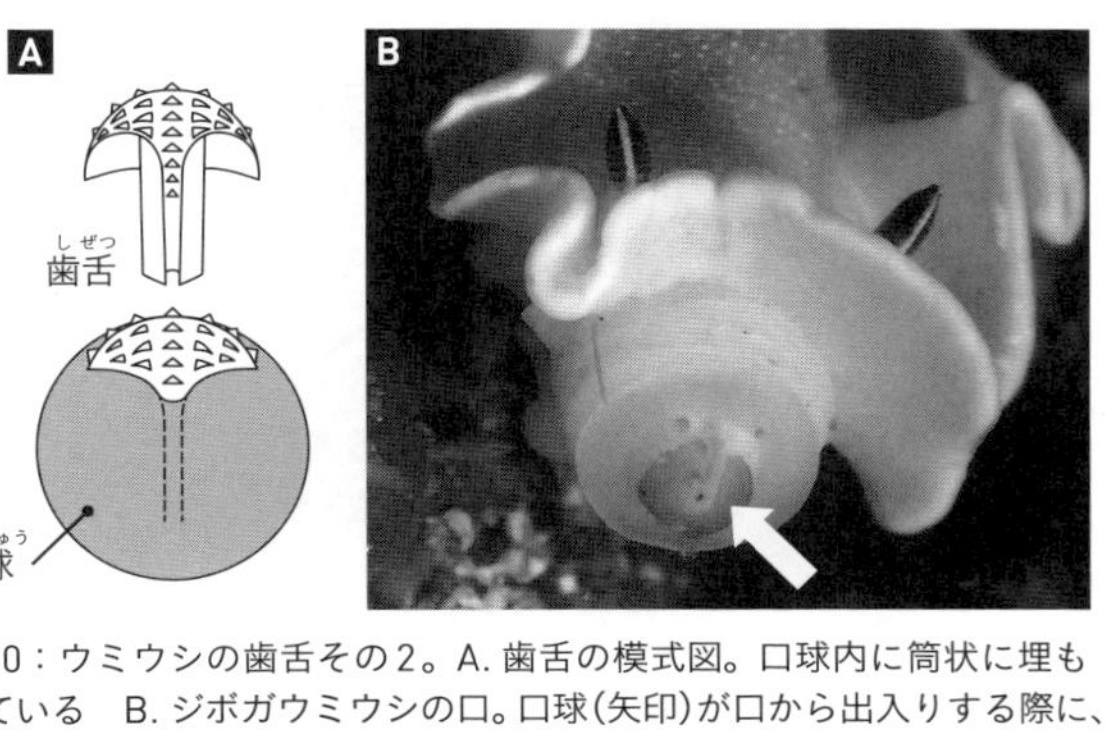

図30：ウミウシの歯舌その2。A. 歯舌の模式図。口球内に筒状に埋もれている　B. ジボガウミウシの口。口球（矢印）が口から出入りする際に、歯舌で餌生物をこそげ取る（写真提供＝池田雄吾）

ウミウシの歯のようなもの

歯の他に咀嚼を助ける器官をもったウミウシもいます。まずは歯舌と向かい合う位置にある顎板《がくばん》（図31A）。アメリカのウミウシ研究者、ベーレンスさんは「ドーリス類では、カイメンの硬い組織を掴んで引き裂きやすくなるように、スペード型の顎板が並んでいる」とおっしゃっています。一方で「おそらくは既に機能を失った痕跡器官的なもの」（ラドマン博士私信）という説もあります。

次に砂嚢《さのう》と嗉嚢《そのう》です。アメフラシの胃の手前には嗉嚢《そのう》と砂嚢《さのう》（まとめて咀嚼胃《そしゃくい》ともいいます）があります。砂嚢の中には胃歯《いし》（咀嚼歯）というキチン質の粒があり（図31B）、これで硬くて消化の悪そうなワカメをすり潰してから胃に送ります。アメフラシにも歯舌はあります（図29A）が、これはもっぱら餌をちぎるのが仕事で、すり潰す任は胃歯に託しているのでしょう。解剖して胃から取り出した胃歯は琥珀色でつやつやと、まるで宝石みたいなのですが、翌日にはカラカラに干からびてしまうのですよね。毎度残念に思います。

頭楯目のキセワタガイやスイフガイ、ブドウガイの仲間も食道と胃の間に砂嚢をもちます。砂嚢の中には胃板（図31C）という硬い粒が通常3個あり、これで餌をすり潰します。

ウミウシの食道

前ページにも書いたとおり、ウミウシにも食道があります。しかしウミウシの食道がヒトの食道と同じ構造をしているわけではありません。中でも特異な構造の食道をもつのは、スギノハウミウシの仲間のメリベウミウシ。メリベウミウシ類の口は投網のように丸く大きく広がり、その口には歯がありません。代わりに、食道にある胃板（図32A）を用いてヨコエビなどの小型甲殻類をすり潰します。メリベウミウシ類を同定[※2]・記載[※3]する時は解剖して胃板を観察・撮影します（図32B）。

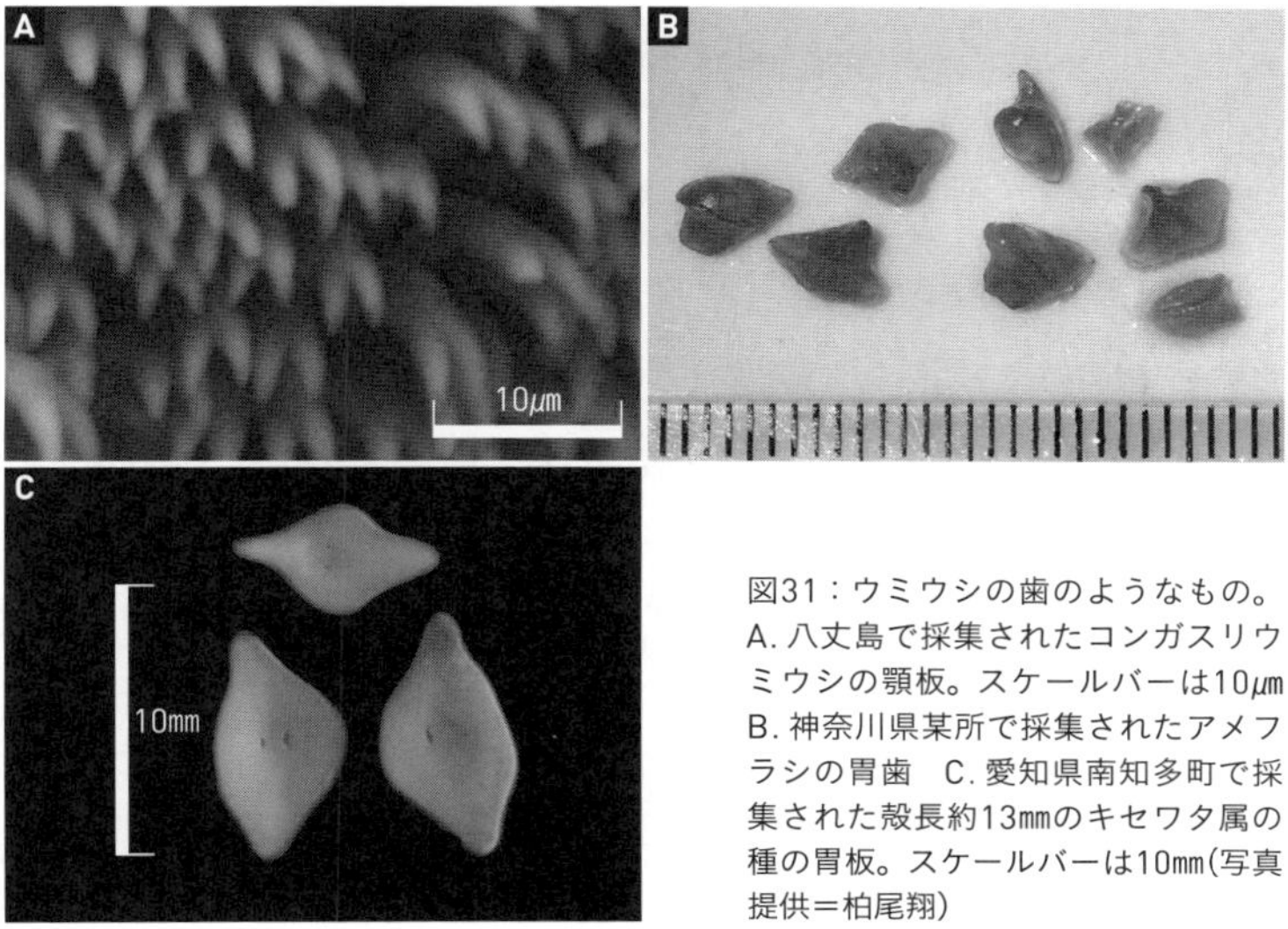

図31：ウミウシの歯のようなもの。A. 八丈島で採集されたコンガスリウミウシの顎板。スケールバーは10μm　B. 神奈川県某所で採集されたアメフラシの胃歯　C. 愛知県南知多町で採集された殻長約13㎜のキセワタ属の種の胃板。スケールバーは10㎜（写真提供＝柏尾翔）

[※1]歯舌式：歯舌の数を示した式。通常は縁歯数＋側歯数＋中歯数＋側歯数＋縁歯数で表される。列数を加える場合もある。たとえば40列あり、縁歯数は20、側歯数は10、中歯はない場合は、40×20・10・0・10・20と表記する。歯舌の数は体サイズで変化するため、通常は複数の個体を解剖して歯舌式を示す。

[※2]同定：対象とする生物を、これまでに整理されてきた分類体系の中の適切な位置に配置すること。

[※3]記載：未だ学名のついていなかった生物に学名をつけること。動物の場合は国際動物命名規約に従い、厳密なルールのもとに記載される。

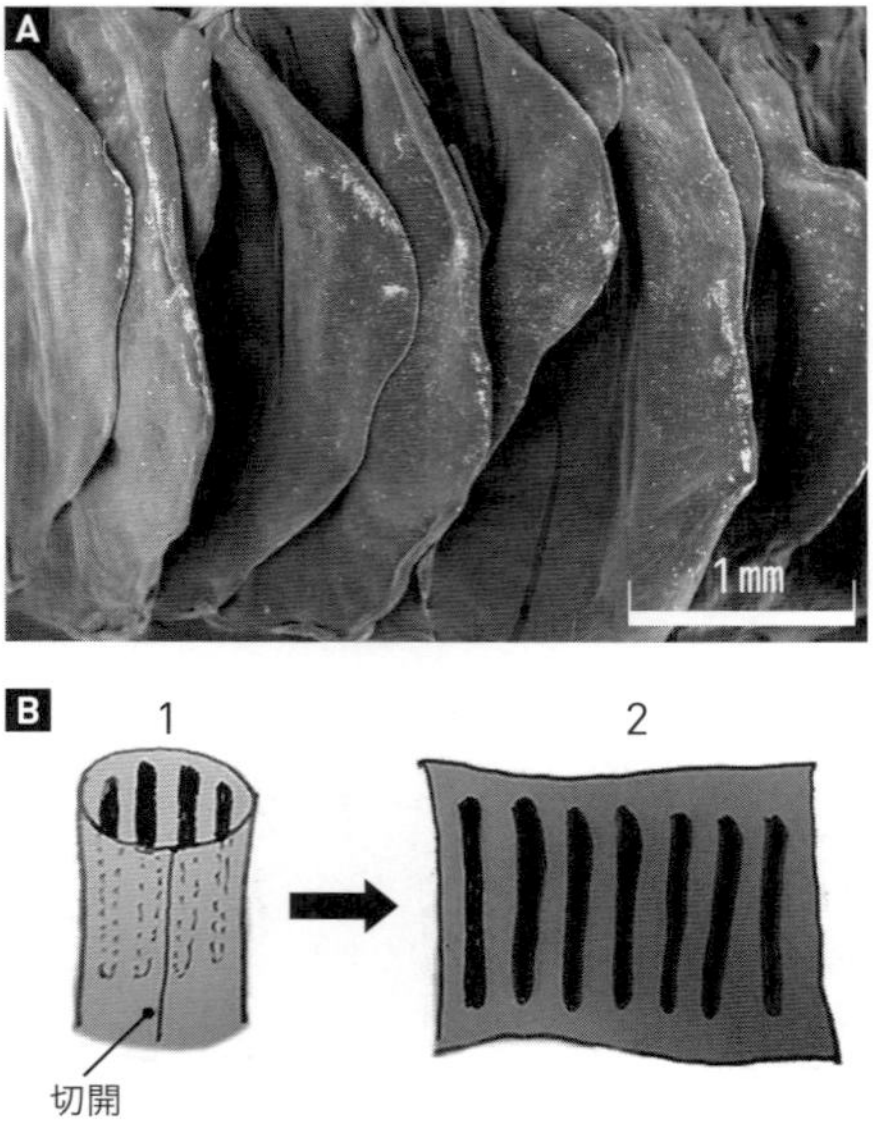

図32：メリベウミウシ類の食道。　A.メリベウミウシ属の種の食道にある胃板の走査型電子顕微鏡(SEM)写真。薄い灰色の列状構造物が胃板。胃板１枚１枚の形状や並び方に種ごとの特徴がある。筋肉質な食道の収縮・弛緩を繰り返すことで、胃板が擦りあわされて餌の小型甲殻類をすり潰す。メリベウミウシが投網のような口を開閉する様子はユーモラスだが、消化器官もかなり独創的だ　B.胃板の模式図。模式図では黒く塗った列状部分が胃板。解剖して食道のみを切り離し(1)、管状になった食道を切開して(2)SEM撮影すると１のような写真が得られる

ウミウシの腹の中

ウミウシの腸のような肝臓のような

ミノウミウシ類の背面に生える、さまざまな色やかたちをした突起（図33）。背側突起《はいそくとっき》といいますが、昔のヒトが用いた蓑《みの》のように見えることからミノ突起とも呼ばれています。このミノ突起の内側を通る色のついた管が見えることがあります。これが腸の一部（中腸腺《ちゅうちょうせん》または消化腺）だと言うとたいていの人はビックリしますが、中腸腺の別名が肝臓分岐だと言うと、ビックリを通り越して「このヒト何言ってんの？」というような表情になります。「腸と肝臓は別々の臓器」がヒトの常識ですが、ミノウミウシ類は消化吸収と解毒をひとつの臓器でこな

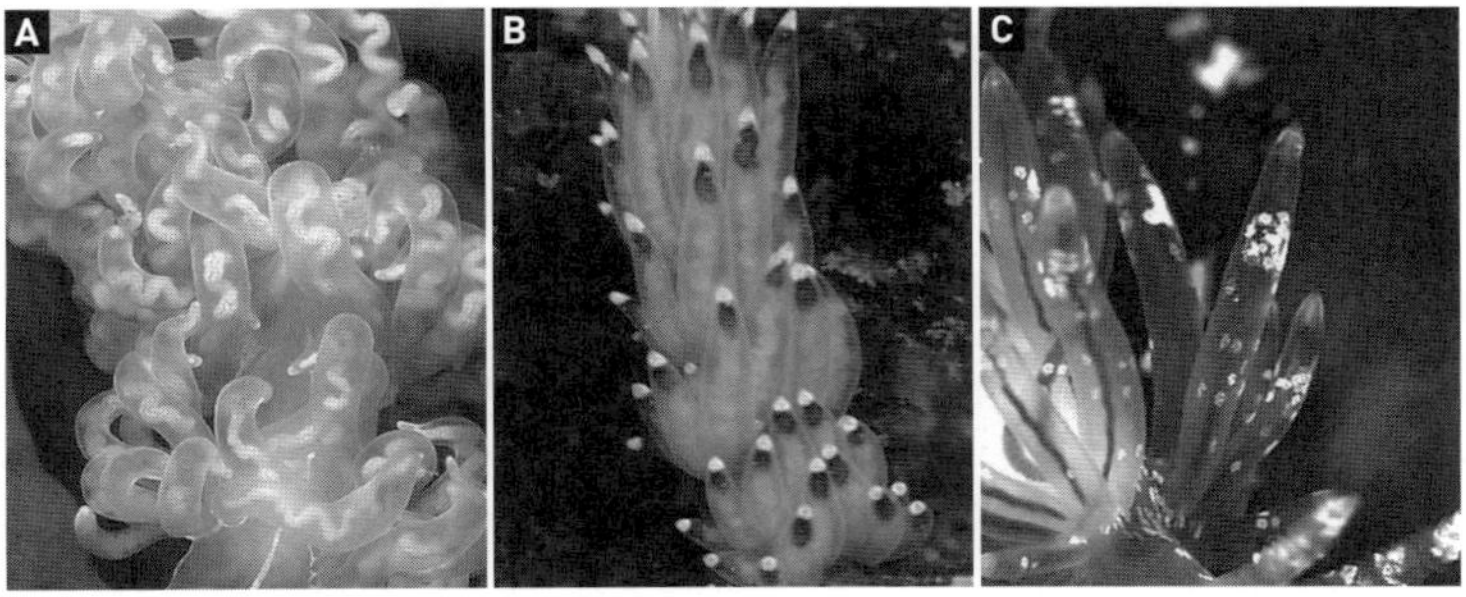

図33：中腸腺が見えるミノウミウシ類の背側突起。A. タオヤメミノウミウシ（写真提供＝田中幸太郎） B. トモエミノウミウシ（写真提供＝平野雅士） C. フウセンミノウミウシ属の一種（写真提供＝田中幸太郎）

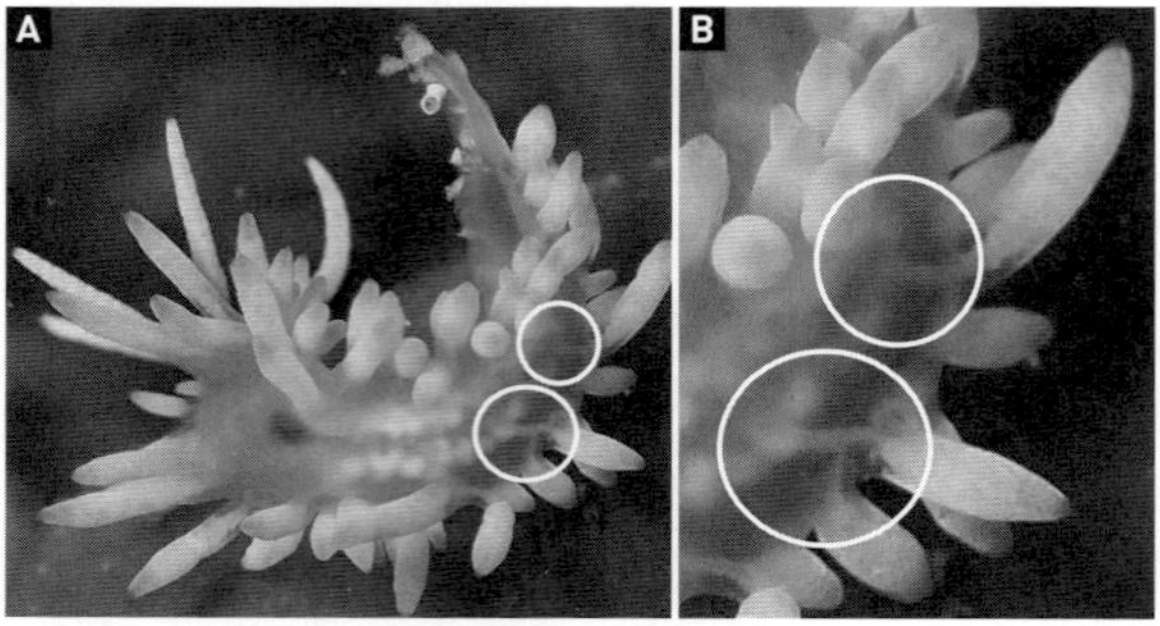

図34：コガネミノウミウシの肝臓分岐。A. 全体図　B. Aの部分拡大。肝臓の分岐している箇所を丸で囲んだ（写真提供＝井上なぎさ）

してしまうのです。

ミノウミウシ類の胃から分岐した腸は、ミノ突起の中にある中腸腺につながります。胃から送り出された消化物は、腸から中腸腺＝肝臓分岐へと運ばれて吸収され、老廃物は直腸に集められて、肛門から排泄されます（図34）。

一方、ドーリス類では腸と肝臓は独立していて、腸は長くて立派です。肝臓は分岐することなく、大なり小なり塊状になっています。

ウミウシの肛門

口から食道、胃そして腸ときたので、いよいよ？　肛門についてです。まずは話の流れで、ミノウミウシの仲間の肛門の話。形態のみで分類を行っていた1990代頃までは、肛門の位置でミノウミウシ類を3つのグループ※に分けていました。

といってもミノウミウシの肛門は単なる穴。肛門周辺の体表組織が盛り上がっている種が多いので、顕微鏡下でよーく見れば見つけられるかもしれません。

一方、ドーリス類の肛門は背面の鰓の真ん中に開いており（図35）、見ればすぐに「これが肛門ね」とわかります。鰓というか肛門をなんとなく眺めていると、時々ペレット状のものが排出されるのが目撃できます。それがウミウシのうんち。ただしすぐに海水に溶けてしまうので、うんちを撮影するのは至難の業です。

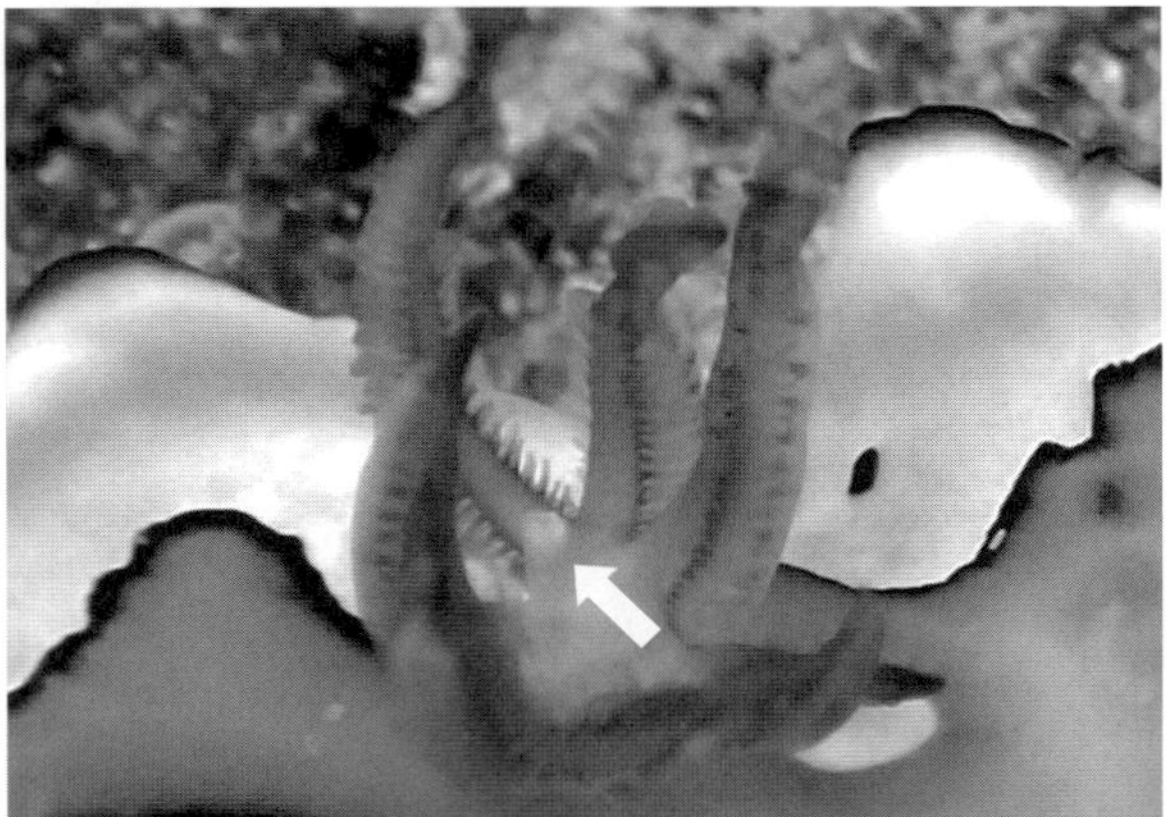

図35：シラナミイロウミウシの肛門。ドーリス類の肛門は背面の鰓の中心に開いている。煙突状になっているのは、少しでもはやく糞を体から遠ざけるための工夫かもしれない

※3つのグループ：①体の右側面の第2背側突起群あたりに開いているグループ（側肛ウミウシ類）、②体の右側面の第2背側突起群より後ろに肛門が開いているグループ（後肛ウミウシ類）、③肛門が体の右側面ではな

く、背面に開いているグループ（背肛ミノウミウシ類）。遺伝子解析技術の進歩によりミノウミウシ類の分類はより細分化され、肛門の位置は分類形質として用いられなくなった。

常にオスでありメスでもある

1匹で精子と卵の両方を作れる

ここまでは生物の二大使命のひとつ、生き延びるために必要な、食うための臓器の話をしました。ここからはもうひとつの使命である子孫を残すための臓器、つまり生殖器官の話です。私たちヒトはオスとメスが明確に分かれており——最近は両者の境界があいまいになってきているようですが、生物学的には精巣をもつのがオス、卵巣をもつのがメスです——このような動物を雌雄異体《しゆういたい》といいます。一方、ひとつの個体が精巣と卵巣の両方をもつ、雌雄同体《しゆうどうたい》の動物もいます。雌雄同体には2パターンあります。ひとつめは性転換を行うもので、オスである時はメスでなく、メスである時はオスではなく、性転換中はオスでもメスでもない状態になります。これを異時性《いじせい》雌雄同体といいます（異時的雌雄同体とか隣接的雌雄同体ともいいます）。異時性雌雄同体の動物としてベラやクマノミなどが有名です。ふたつめは、常にオスであり、同時にメスでもあるもの。これを同時性雌雄同体といいます（同時的雌雄同体や同時雌雄同体ともいいます）。同時性雌雄同体の動物としてはミミズやカタツムリ、そしてウミウシが有名です。

異時性雌雄同体では、性は精巣と卵巣の成熟度で決まります。メスである時は卵巣が成熟しており、精巣は未成熟だったり消失したりします。移行期（性転換中）は成熟していたほうの生殖腺が縮小し、代わって未成熟だったほうの生殖腺が成熟します。性転換に伴い見た目が変わる種もあれば、性転換中はオスでもメスでもない見た目になる種もあります。それに対して同時性雌雄同体では、成体はオスメス両方の生殖腺がともに成熟しています。正確には「性的に成熟している個体を成体という」ですけどね。性成熟した個体と未成熟な個体で見た目が変わる種もあれば、変わらない種もあります。

ウミウシは同時性雌雄同体なので、オスメス両方の生殖腺をもちますが、精巣と卵巣の両方をもつ種もあれば、ひとつの器官で精子と卵を作る（卵精巣をもつ）種もあります。いずれにしても、ほとんどのウミウシは１匹で精子と卵の両方が作れます……とセミナーなどで説明すると、ほぼ毎回「なるほど！　精子と卵を同じ場所で作って、さっさと卵を受精させちゃうんですね。これなら交尾相手となかなか出会えなくても子供が作れる。ウミウシって頭いい！」と言う人がいます。ですがこれはちょっと早とちり。親を同じとする卵と精子が接合することを※1自家受精《じかじゅせい》といいますが、ウミウシの体内で生産された精子と卵は両性輸管を通った後で卵は輸卵管《ゆらんかん》へ、精子は輸精管《ゆせいかん》へと振り分けられます。振り分けられる前の段階では精子は活性化しておらず、自家受精しない仕組みになっています。ウミウシは交尾相手の精子で自分の卵を受精させて（他家《たか》受精といいます）、有性生殖を行います。

ウミウシの生殖器官はグループごとに構造がかなり異なり、大きく分けて3タイプあります。まずは生殖器の管が1本の一道式（図36A）。頭楯類など原始的なウミウシの多くは一道式です。一道式では精子は①体の後方にある両性生殖腺で作られ、②外套腔にある開放性で繊毛の生えた輸精溝《ゆせいこう》を通り、③体の右前方、触角の下あたりにあるペニスに流れていく④ペニスが相手の背面中央にある生殖孔に挿入されて、相手側の受精嚢で相手の卵と出会い、受精を果たす。これを精子の受け入れ側から見ると、相手の頭部から出て伸びてきたペニスを、自分の背中にある生殖孔に受け入れる。そのために体を丸めるのです（図36B）。時間差があるものの、生殖孔は自分と配偶相手の精子によって2度利用されるわけです。なんか適当ですよね～でもこんなに適当でもうまくいってる（種として存続している）のがすごい。

やや進化したウミウシでは、生殖器の管が2本になります。管が2本なので二道式といいます。二道式には雄式と雌式があり、雄性二道式（図37A）では産卵管と膣管が分化しておらず、輸精管のみが独立しています。雌性二道式では膣管と輸精管が分化しておらず、輸卵管が独立しています。二

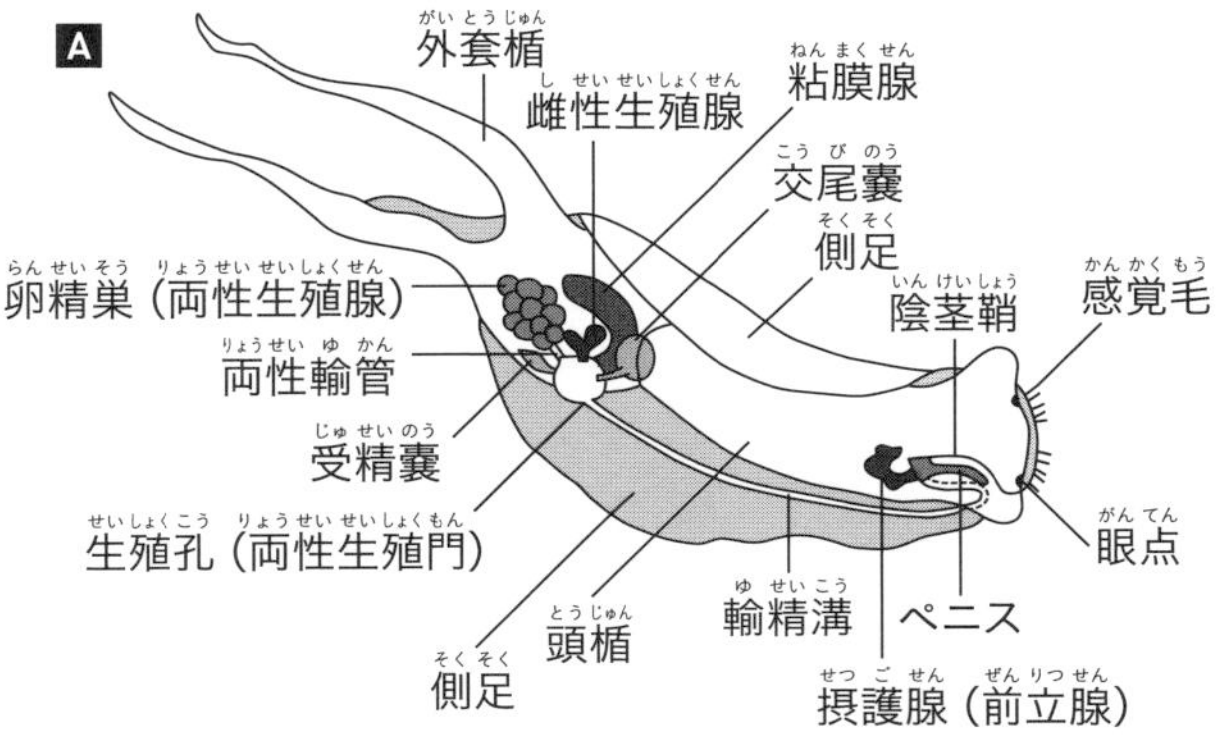

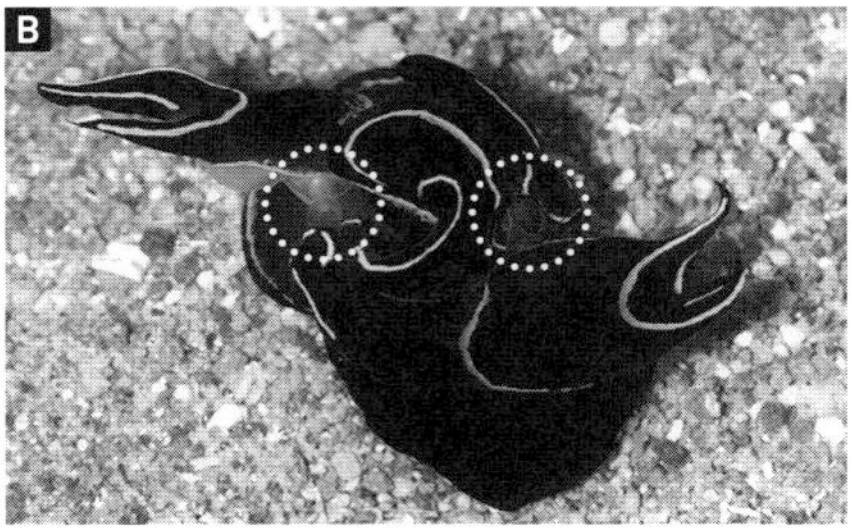

図36：A. 一道式の生殖器官模式図。グレー部分は体の右側にある側足の内側を示す。Putz et al.(2008)をもとに作成　B. ゲンノウツバメガイの交尾。右の白丸は上個体の、左の白丸は下個体のペニス

道式のウミウシで有名なのはアメフラシです。アメフラシはペニスが頭部に、相手のペニスの受け入れ先が体の中央部（外套腔のあたり）にある雄性二道式（図37A）で、前後一列に数珠つなぎになって交尾します。これを連鎖交尾といい、先頭はメス役のみ、2番目以降の個体は前の個体に対してはメス役で、後ろの個体に対してはオス役、しんがりはオス役のみの役割を果たしています。

さらに進化したウミウシでは、両性輸管がまず精子の通る管（輸精管）と卵の通る管（輸卵管）に分かれ、輸卵管がさらに産卵管と膣管に分かれて、3本の管がそれぞれ独立して体外に開口するようになります。

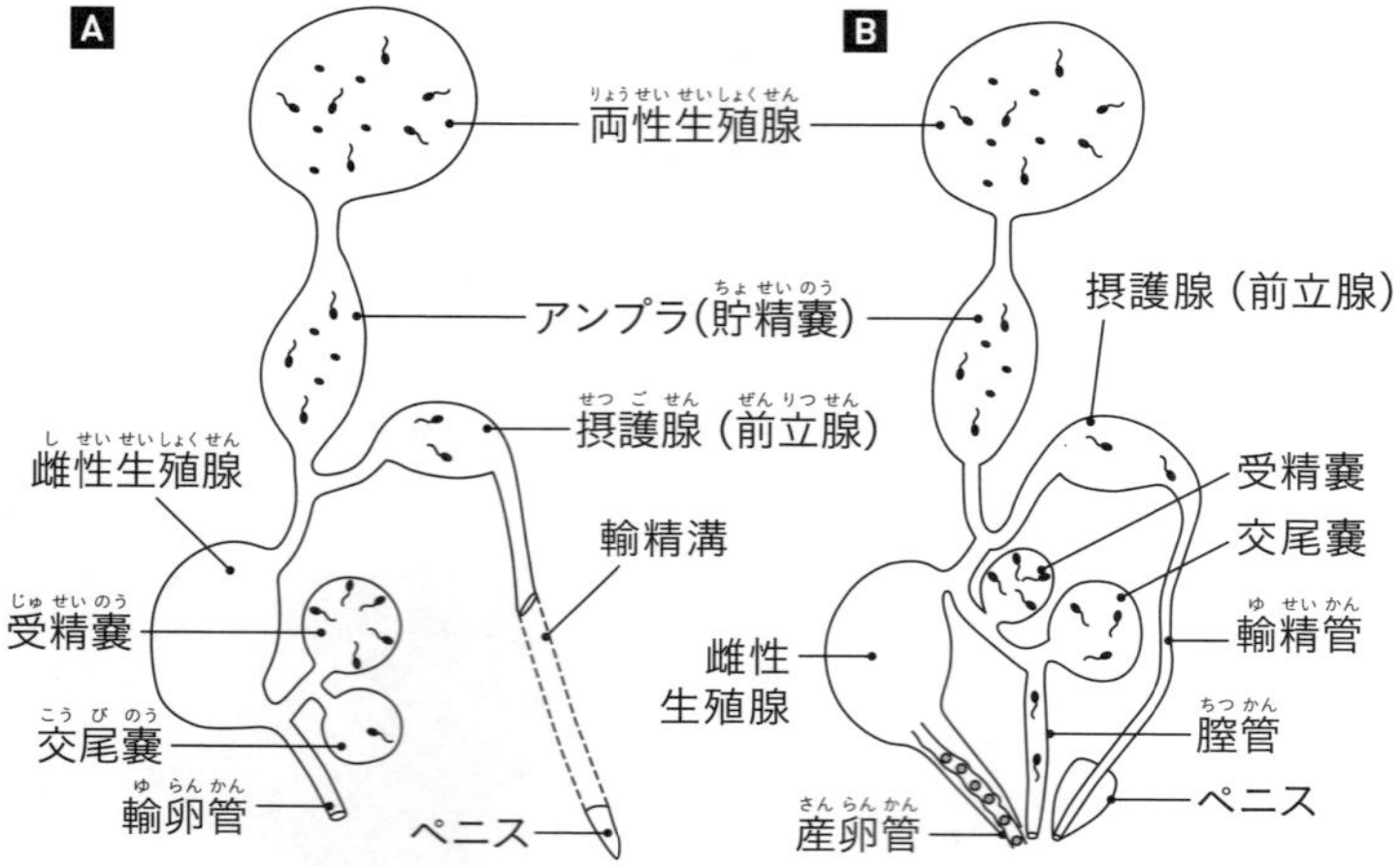

図37：二道式と三道式の生殖器官模式図。　A. 二道式のうち、雄性二道式。アメフラシなど。B. 三道式。

管が3本なので、もうおわかりだと思いますが、三道式（図37B）といいます。三道式では、交尾相手から受け取った精子は膣管を通り、交尾嚢と受精嚢というふたつの器官で貯蔵されます。交尾嚢は相手から受け取った精子を一時的に貯蔵しておく器官で、受精嚢は交尾嚢から移動した精子と、自分の卵とが出会う器官です。受精嚢で相手の精子と接合した卵（受精卵）は雌性生殖腺内にあるアルブミン腺・メンブレン腺・粘液腺という3つのセクションを通過し、ゼリー状の物質にくるまれた卵塊となって産卵管から産み出されます。

出会いから交尾に至るまで

交尾相手を探す時は餌探しの時と同様に、触角と口触手＝鼻的器官が活躍します。ウミウシは同時性雌雄同体なので、配偶者の匂いは自分と同じ。匂い成分は這い跡に残る、ぬらぬらした粘液に含まれています。しかしウミウシはぬらぬらを求めてさまよったり繁華街で相手を物色したりアプリを使ったりはしません。たまたま同じ職場もとい餌場にいて、たまたま近くにいた同僚ではなく同種の存在――正確には、同種の残したぬらぬらの存在に気づいたウミウシが「この匂いの先に交尾相手がいる！」と、勇んで這い跡をたどります。

前を這うウミウシに追いついたところで、追跡ウミウシは「ねぇちょっと、」と手、ではなくて頭部で相手にタッチします。すると前を這っていたウミウシは「あっ交尾相手がすぐ後ろにいるぞー！」とばかりに回れ右をします。ドーリス類などのウミウシの交尾器は体の右側に開いているので、必ず右にUターンをして体の右側を寄り添わせます。そしてペニスを伸ばして相手の膣口に自分のペニスを挿入し、精子を交換しあう、という流れです（口絵5図1〜4）。

しかしまぁ何事にも例外はあり

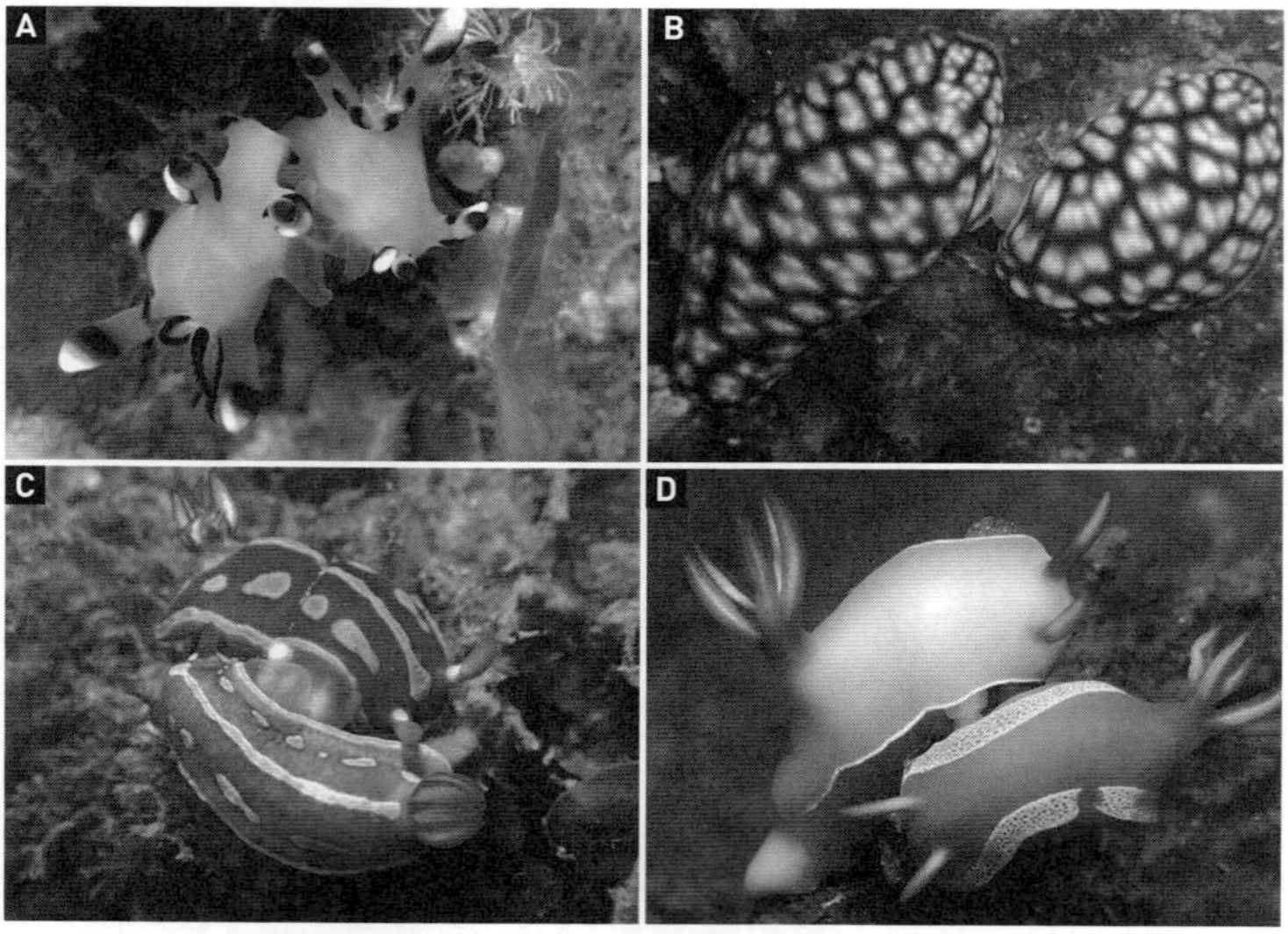

図38：交尾中のウミウシ。　A. ウデフリツノザヤウミウシ。（写真提供＝井上なぎさ）B. コイボウミウシ　C. アオウミウシ。手前の個体のペニスが相手個体の膣に挿入されていない。焦ったのかもしれない　D. ゾウゲイロウミウシ（上）とカグヤヒメウミウシ（下）の異種間交尾（写真提供＝細谷克子）

ます。たとえば嚢舌類では、ペニスを相手の膣管ではなく体の適当なところに刺して放精する、透皮交尾を行う種があります。この場合精子は相手の体の体液中を泳いで受精嚢にたどり着きます。また頭楯類や翼足類（クリオネの仲間）、スナウミウシ類の中には相手の皮膚にくっつけた精包から出た精子が皮膚を貫通して相手の体内に入る、皮膚受精を行う種もあります。いずれにしても交尾は種を存続するための行動なので、同種どうしで行います（図38A〜C）。たまに同属別種のウミウシどうしが交尾しているのを見かけることがありますが（図38D）、同属は親戚のようなものなので匂いも似ていて、うっかり間違えただけの話でしょう。うっかり交尾してしまっても受精できる可能性は低く、まかり間違って受精しても、その受精卵が成長する可能性はきわめて低く、雑種第1世代（F1）は不妊[※2]なので、次世代を生む可能性はまずありません。セミナーなどで「雑種から新種が生まれるんですか？」と質問を受けることがありますが、雑種から新種は誕生しません。ちなみに、新種は（紙幅の都合でものすごくざっくりした言い方をすると）、突然変異した個体が生き残り、世代を重ねてひとつのグループ（個体群）を形成し、突然変異しなかったグループとの間に生殖隔離[※3]が成立して誕生します。

ところで「『交尾』と『交接』はどう違うの？」とのご質問もたまに受けることがありますが、

ウミウシの繁殖行動をさす用語として「交接」を用いるようになったのは2000年前後からではないかと思います。実は私、その頃出版された図鑑の著者が「ウミウシに『交尾』はちょっと生々しいからイヤだ」と言っていたことを記憶しています。しかし専門用語は「生々しい」などの印象や感情に左右されず、正確さを旨とすべきなので、体内受精するウミウシの繁殖行動を本書では「交尾」としています。一部のミノウミウシではペニスを相手の膣管に挿入するのではなく、ペニスをあたかもイカやタコのもつ交接腕《こうせつわん》のように使って精包（精子の入ったカプセル）を相手の膣口あたりにくっつける行動をとることが知られています。この行動や前述した皮膚受精行動を示すなら「交尾」より「交接」のほうが適切なように思えます。

[※1]自家受精しない：例外的に嚢舌類のタマノミドリガイ*Berthelinia schlumbergeri*が自家受精することが知られている。

[※2]不妊：受精可能な配偶子が作れない状態。

[※3]生殖隔離：2つのグループ（生物群）の間で、同じ場所に生息していても互いの間で生殖が行えない状況になること。2つの生物の間に生殖隔離が存在することは、その両者を別の種と見なす重要な証拠と考えられる。

第3章

ウミウシを食べてみた

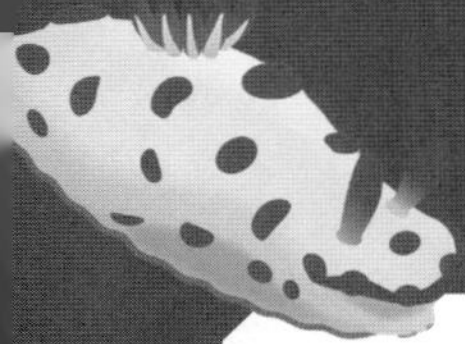

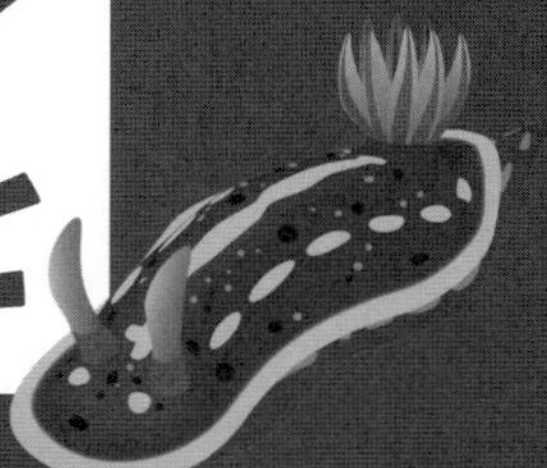

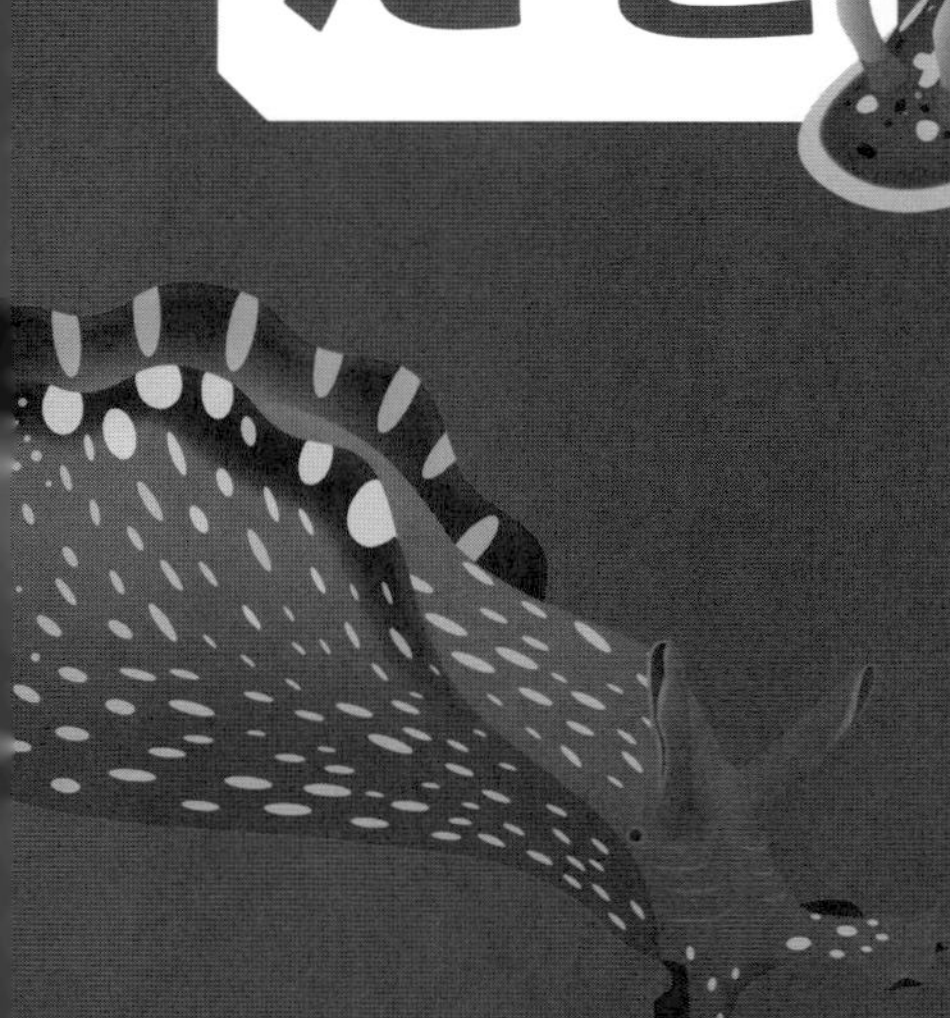

イラスト(上から)：キイボキヌハダウミウシ・アオウミウシ・コモンウミウシ・アメフラシ

気分は考古学者？

ウミウシの匂いがする海

ウミウシという動物について、前章で基本はおさえられたと思います。そこで本章では、見つけ方や飼育方法など、ウミウシとのかかわり方を一歩進めて書くことにします。

ウミウシに興味をもった人が、まず最初に知りたく思うのが「どうやって見つけるのか」。前章では「ウミウシは海の中ならどこにでもいる」と書きました。が、これは少々言い過ぎでした。どこにでもいるのですが、いくら探しても「1匹もいない……」とがっかりする季節や場所もあるのです。反対に、潜った瞬間「ここにはいる！」と期待に胸躍る場所もあります。

といっても無根拠にワクワクできるわけはなく、前提は「あのウミウシはこのカイメンをエサにしている」「あのミノウミウシはこのヒドロ虫をエサにしている」などと、ウミウシの餌生物に関する知識が頭に蓄積されていること。すると「このヒドロ虫があるってことは、あのミノウミウシがいるかもしれない」という具合に、餌生物を見ただけで「そこにいるはず」のウミウシを思い浮かべられるようになります。そしてついには海底を見ただけで「ここはウミウシの匂いがする」と、犯罪者を追う名探偵のような、謎の発言が飛び出すことになるのです。

では具体的にはどんな場所が「ウミウシの匂いがする」のでしょう?

図39:ゴロタとガレ場の中間くらいの岩礁域でウミウシを探すダイバー。1匹のウミウシを撮影し終えたら、順番待ちの人に場所を譲る。自分が現場を離れる際には、次の人が確認できるまでウミウシのいる場所を指さす。仲間と見つける・撮影する喜びを分かち合えるのはウミウシウォッチングの楽しさのひとつ

ゴロタやガレ場

多くのウミウシは海底にいますが、中でもウミウシウォッチャーの嗅覚をくすぐるのが海底に岩や石や死サンゴ片がごろごろ転がっているところ。大きめの岩が多い場所を「ゴロタ」といい、小さめの石や礫《れき》、死サンゴ片が多い場所は「ガレ場」といいます(図39)。

ただし台風などで海底が波に攪乱された直後のゴロタやガレ場、投入または違法投棄されたばかりのコンクリ片の堆積地は住み心地がよろ

しくないらしく、ウミウシはあまり見つかりません。攪乱または投入（違法投棄）から1ヶ月以上経過して、礫や死サンゴ塊やコンクリ片などにヒトの目にはしかと見えない微細な藻類や動物が固着し、その結果として全体に埃をかぶったような、もわもわした環境がウミウシ的に好ましいようです。それも石や死サンゴ塊がみっしり詰まっておらず、石や岩が多少動くことが重要です。さわるとぐらぐらする状態は、岩の裏にも海水が供給されていることを意味します。岩の裏に暮らすカイメンやコケムシなどは固着「動物」なので海水＝酸素が必須。かつ海水中の有機物が彼らの餌。ぐらぐらは餌生物たちによって重要な生存条件なのですね。

そんなもわもわ・ぐらぐらなゴロタやガレ場はウミウシウォッチャーにとっては文字通りの掘り出し物件。掘れば掘っただけウミウシが出てくる時は脳内にあやしい物質が過剰分泌されますし、30分掘り続けてやっと1匹出てきた時の嬉しさもまた格別です。普通のダイバーにとってはただ通り過ぎるだけの場所でしかないガレ場&ゴロタですが、ウミウシウォッチャーが見ると脳内にある「ここ掘れスイッチ」がおのずと入ってしまうのです。

しかしこの「ここ掘れスイッチ」、最近はあまりオンにしないようにしています。というのは、そんな人がその場に１００人集まって来る日も来る日も盛大にゴロタやガレ場を掘り続けたらどうなるか？　と考えるようになったから。それほどウミウシウォッチャーが増えたってことですね。「別に掘ったっていいんじゃないの？　どうせ台風がきたらガレ場の山は崩れるんだから」と言う人もいますし、※中規模攪乱《かくらん》仮説という説もあるくらいです。けれど、ゴロタの岩の裏に隠れて暮らすカイメンやコケムシなどは、岩の表にいる動物と比べて弱毒です。岩を裏返しにしたままでは、カイメンなどは放置したら魚に食われてしまいます。そしてそこにいるウミウシも岩の表に堂々といるウミウシに比べると弱毒なので、魚についばまれてしまいます。今まで何回岩をひっくり返して「見つけた！」と喜んだ瞬間にベラやキュウセンにウミウシをかっさらわれたことか。魚にやられなくてもカイメンなどの餌が死に絶えてしまったら、ウミウシも死んでしまうかもしれません。実験をしたわけではないので、ダイバーがここ掘れ行動をとり続けることでゴロタやガレ場の環境がどの程度変化するのか、定量的なことは言えません。しかしウミウシの暮らす環境を壊しているのは間違いないので……。皆さんも掘りすぎには注意しましょう。そしてゴロタの岩をひっくり返してウミウシを探して見つけて撮影したら、必ず岩を元に戻して、岩の裏に隠れていたいカイメンやコケムシたちの命を守ってあげましょう。最後に被写体となってくださったウミウシさまに「撮影させてくれて、ありがとう！」「おうち壊して、ごめんね！」と思うことも忘れずにいてくれるとうれしいです。

水深30センチメートルのスノーケリング

ウミウシの匂いがするゴロタやガレ場などにはダイビングしないと行けないことが多いのですが、ふくらはぎがつかる程度の水深でもウミウシの匂いがすることがあります。それを教えてくれたのは長年のウミウシ友である山田久子さんと今本淳さん（図40）。私の著した図鑑に多くの美しい写真を提供してくださったふたりです。

その日私は神奈川県の小田原にあった山田さんのご自宅を訪ね、彼女が撮影した膨大な量のウミウシ写真を見せていただいておりました。山田さんはウミウシを見つける眼力も撮影センスも抜群で、当時の仲間うちからは「小田原のウミウシ女王」と呼ばれていました。

山田さんの写真はきちんと整理され、データには撮影日、撮影地と撮影水深、ウミウシの体長が書かれてあります。いくつかの写真には撮影水深にインタータイダル（Intertidal）とあります。インタータイダルとは潮間帯のこと、水深でいえば0〜50㎝。そんなところでどうやってウミウシを探すのだろう？

そこで聞いてみたところ、

「磯にはね、潮が引いた後にできる、水深30センチくらいの潮だまりがあって。そこに浸かるんですよ」

「浸かるんですか？　しゃがみこんで、上から覗くんじゃなくて？」

そうよ、とうなずき笑った山田さんは、

「ウエットスーツを着て、ダイビング用のマスクとスノーケルをつけてね。フィンを履く必要はないけれど、ケガ防止のためにダイビングブーツとグローブもします」

それで私はピンときました。

「スノーケリングするんですね！　水深は30センチだけど！」

「そうなんです！　陸上から見るより、思い切って水たまりに入っちゃったほうが、潮だまりの底がよく見えるので」

「上から覗いても水面に光が反射して、水たまりの

図40：水深30cmの磯にてスノーケリングをする筆者（左）と今本淳さん（写真提供＝山田久子）

底がよく見えませんもんね、なるほど！」

　ということで山田さんに神奈川県の真鶴半島の先端にある三ツ石海岸という磯に、水深30㎝スノーケリングに連れていっていただきました。車の中で水着に着替え、ウエットスーツを着て、けれどダイビングの専用器材は使いません。身軽ないでたちで海に行くこと自体が新鮮です。

「どこから探しましょうか。コツとかあったら教えてください」

　そう聞くと山田さんは「コツは別にないけど……」と答えてから、

「気をつけないといけないのは、ときどきは動かないといけないことですね」

「えっ？」

「動かないと溺死体と間違われるから」

　磯の水たまりのようなところでウエットスーツを着た人がうつぶせになって動かずにいる……溺死して打ち上げられたスノーケラーに見えなくはない、いや、見えるに違いありません。

大笑いしたいのをこらえていると山田さんは恥ずかしそうに、

「今まで何度かあるんです。『あのー』って声がするから顔をあげたら『よかった、生きてたんですね』って言われたことが」

「なんでそこまでして……」

山田さんは即答しました。

「ヤツミノウミウミウシ（口絵8図5）とか、その水深にしかいないウミウシがいるからに決まってるでしょ」

大学院進学後は、沖縄本島のあちこちの海岸に一人で水深30㎝スノーケリングに行くようになりました。けれど溺死体に間違えられたことは未だ一度もありません。まだまだ修行が足りないのだと思います。

※中規模攪乱仮説：攪乱とは、生態系を破壊して、その維持に影響を与えること。大規模な攪乱では多数の生物が死滅し、小規模な攪乱や攪乱がない場合は、競争に強い生物だけが生き残る。大規模・小規模攪乱ともに生物多様性は低くなり、中規模＝ほどほどの攪乱の時に生物の種多様性が最も高くなるとする仮説。

ウミウシを見つけるためのさまざまな道具

シニア目には虫メガネ

どんなにウミウシの匂いがしそうな海に行っても「見たい」という情熱だけではウミウシを見つけることはできません。相手は隠れ上手な小さな動物、見つけるには視力と眼力(=経験値)が必要です。嗚呼しかし時は残酷、ウミウシを本格的に探し始めた頃は体長5㎜程度のウミウシを難なく見つけることができた私も今やすっかりシニア目で、虫メガネなしではウミウシが見つけられなくなってしまいました。といっても用いるのは特殊なものではなく、100円ショップで売っている虫メガネ(図41)。これを2枚重ねにして用います。100円ショップのシニアグラスも必需品です。エントリーして海底に降り立ったらマスクのレンズにシニアグラスをかぶせ、2枚重ねの虫メガネで海底をなめるようにしてウミウシを探す……客観的にはかなり情けない姿ですが、ウミウシ探しをあきらめるか、みっともなさを受け入れてウミウシを探すか、二者択一なら私は当然後者です。

壁人の手には水中ライト

ウミウシを採集しなくてもよい、かつ視力のよい一般のダイバーでも、ウミウシ探しのために持つべき道具がいくつかあります。中でも水中ライトは壁でのウミウシ探索時に必携です。

海の中の「壁」とは、海底から突き出た「根」と呼ばれる大きな岩の側面のこと。この壁の日の当たらないところ、藻類や固着動物が多いところ、窪んだところにウミウシが隠れていることがよくあります。理由はゴロタの岩の裏と同じ。ウミウシはとにかく隠れていたい。だからそんな場所でウミウシを探すには、その隠れたさを逆手にと

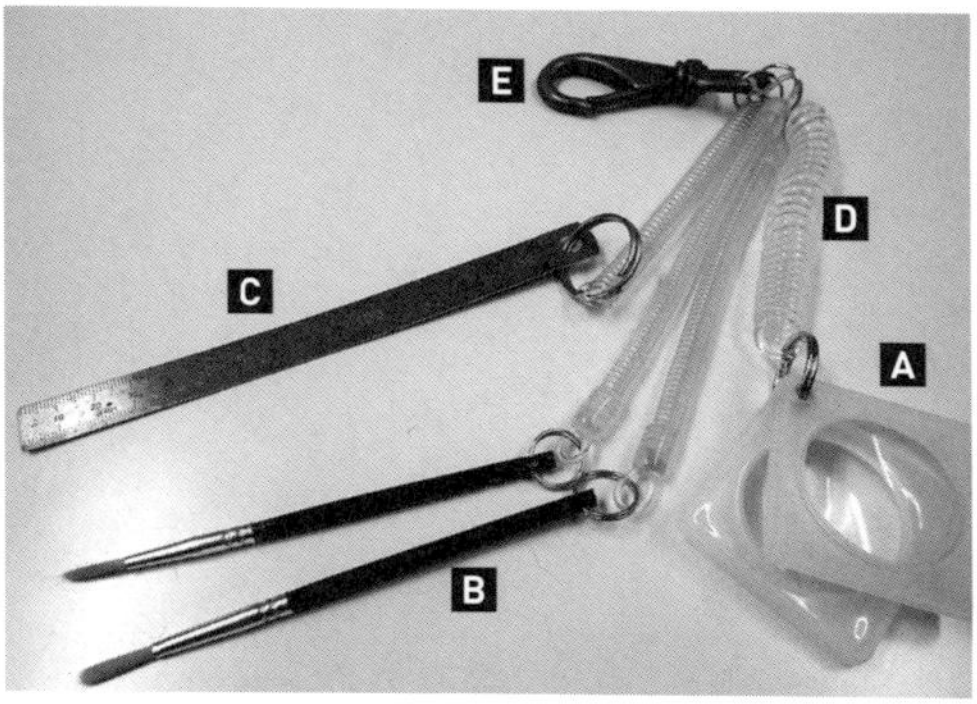

図41：筆者の観察・採集道具。A. 100円ショップで売っている虫メガネ　B. 100円ショップで売っている4本セットの丸筆2本。太さは4号。動物の毛を用いた筆はすぐにコシがなくなるので、アクリル製がお勧め。爪楊枝や竹串を使う人も多いが、筆はウミウシの撮影の際、ウミウシの周囲を掃き清めるだけでなく、ウミウシを傷つけずに方向を変えさせたりその場から移動させたり採集したりする時に便利　C. ステンレス製の定規。ひとしきり観察・撮影した後はこの定規をウミウシの側に置いて撮影し体サイズを計測する。これらをびよよん(D. 正式名称不明)で伸縮自在にしてからEのナスカンでまとめてBCに装着すると使い勝手がよく、かつ紛失をふせげる。この他に採集瓶と水中カメラも必携です

るのです。

なすべきことは①壁の、ここぞと思った箇所に水中ライトの光を当てる(図42)。②光を当てた箇所に目をこらす。すると光の嫌いなウミウシたちは「まぶしいなあ」「魚とかに居場所がバレちゃうだろ」「こっちは魚に食われたくないから隠れてるのに」「やめてくれないかな」「やめそうにないから暗がりに逃げよう」と考えて(ヒトのように思考しているわけではありませんが)、そのような一連の行動をとります。そんなウミウシたちの、もぞっとした些細な動きを「違和感」として感じ取れるようになったら、あなたも立派な壁人(かべんちゅ)です。

図42：壁に張り付いて、ライトを当ててウミウシを探すダイバー。「探す」というより「検知する」といったほうが近いかもしれない

砂地ではザル

砂地では頭楯類という原始的なウミウシの仲間と、カスミミノウミウシの仲間（口絵5図5）がよく見られます。砂地に生える藻類につく嚢舌類の仲間もいます。砂の中には体長1㎜ほどのウミウシの仲間がいますが、そのサイズになると通常のスノーケリングやダイビングで見ることはできません（↓70ページ「世界一大きな&小さなウミウシは？」）。

砂地に棲む頭楯類の仲間は貝殻もちグループと頭つんつるてんグループに分けられます。貝殻もちは日中は砂の中に隠れていることが多いので、探す時にはザル必携。海底で砂をザルですくってガサガサやると砂は落ちてザルの中に貝殻もちウミウシだけが残る寸法です。見つけられるウミウシはザルの網目の粗さによって異なります。調査用のものが市販されていますが、そんなザルを使わずとも、100円ショップのザルを使って貝殻もち頭楯類を探してはきれいな写真を撮影しているダイバーもいます。私の図鑑に頭楯類の写真を多数提供してくれた綱川宏二さんは、通常のスキューバダイビングの水深（～30m）よりも、水深3m前後の砂地を前にするとそわそわする、独特の志向をもったダイバー。西伊豆の雲見で一緒に通常のボートダイビングをした時、彼はいったんエキジットした後わざわざ浅所《せんしょ》（ダイバーは浅場《あさば》といいます）の砂地に再エントリーして、思うさまザルをふるってから満足げにボートにあがってきました。重要なのはザルの値段ではなく、ザルの網目の粗さと「この砂地には頭楯類がいる」と直感できる経験値、そして執念のようです。

図43：調査用のザル。院生時代に隣の研究室の先生からいただいた。買うとなんと6,000円もする。調査対象の大きさによって網の目の粗さを変えて使用する。このザルは通常の大きさのウミウシ探し用としては役に立たなかった

貝殻をもたない頭楯類のウミウシは砂に潜りやすいおつむつるてんの形態をしているものが多く、比較的浅めの、粒度の粗い砂地でよく見られます。餌なんか何もいなさそうな砂地ですが、ニシキツバメガイなどは砂地にひそむ無腸動物[※1]を、キセワタガイ、アワツブガイ、スイフガイなどは有孔虫[※2]を食べているようです。頭楯類の一種であるカラスキセワタは砂地に生える藻類を餌にするブドウガイや小型のアメフラ

シ類など他のウミウシを丸呑みしてしまいます（↓91ページ「エラっぽいものとヒゲのようなもの」）。

話を戻すと、おつむつんつるてんな彼らは粘液を猛烈な勢いで分泌しては体に付着した砂粒を粘液ごとぬるっと、それこそ服を脱ぐようにぬぐい取ります。砂地で彼らを見かけたら砂粒を少し、パラパラっと振りかけて観察してみるとおもしろいですよ。

[※1]無腸動物：かつてはヒラムシ（扁形《へんけい》動物門 多岐《たき》腸目《ちょうもく》の動物）の仲間と考えられてきたが、消化器（腸）をもたない形態や分子系統解析の結果、無腸動物門（珍無腸動物門）という独立した門の動物と扱われるようになった。

[※2]有孔虫：石灰岩の殻をもつ、原生生物の一種。多くは1㎜以下だが、最大で20㎝近くに達するものもある。単細胞生物なのに。なお原生生物は真核生物（↓197ページ）のうち、菌界にも植物界にも動物界にも属さない生物の総称。

ウミウシを食べてみた

はじめての味見

文豪芥川龍之介は恋人の塚本文への手紙に「ボクは文ちゃんがお菓子なら頭から食べてしまいたい位、可愛い気がします」としたためています。愛する相手を食べたくなるのは、ヒトのもつ愛情表出方法のひとつなのかもしれません。私もウミウシを前にすると「さわってみたい」「匂いを嗅いでみたい」「食べてみたい」との衝動に突き動かされることがよくありますが、これは愛情表現というより科学的な好奇心だと思っています（自分では）。

はじめてウミウシの味見をしたのは１９８９年1月。ダイビング歴でいえば2年目、１００本目あたりで、研究のケの字も頭に浮かんでいない頃でした。場所は沖縄ケラマ諸島の西浜というダイビングポイント。お正月があけてゲストが一斉に帰っていった後、出羽慎一くんと神田優くん（↓19ページ「友に誘われて、友を得る」）と私の3人で潜りに出かけました。

出羽くんも神田くんもバイトとはいえダイビングガイド、かつ現役の大学生で、研究対象は魚類の生態。珍しい魚がいたり、魚が面白い行動をとっていたりすると、私の肩をたたいて注意を引いてから水中ノートなどに書いて説明してくれます。そんなふたりと一緒に潜っていて面白くないわけがありません。

何度目かにとんとん、と肩をたたかれて、「あっ今度は何だろう？」と期待しつつ振り返ると、果たして神田くんがそこにいました。私と目があった神田くんはレギュレーターを手に持ち口から外しました。「えっ？　何するの？　まさかレギュレーターリカバリー※のレッスン？」と怪訝に思いつつ目は神田くんの口もとに釘づけ。するとニヤッと笑った神田くんの口から、青色と黄色の突起のついた舌がペロッ。すぐに「タテヒダイボウミウシ！」(図44）とわかったものの、突然突き出た青色と黄色の舌にびっくりしてついい大笑いし

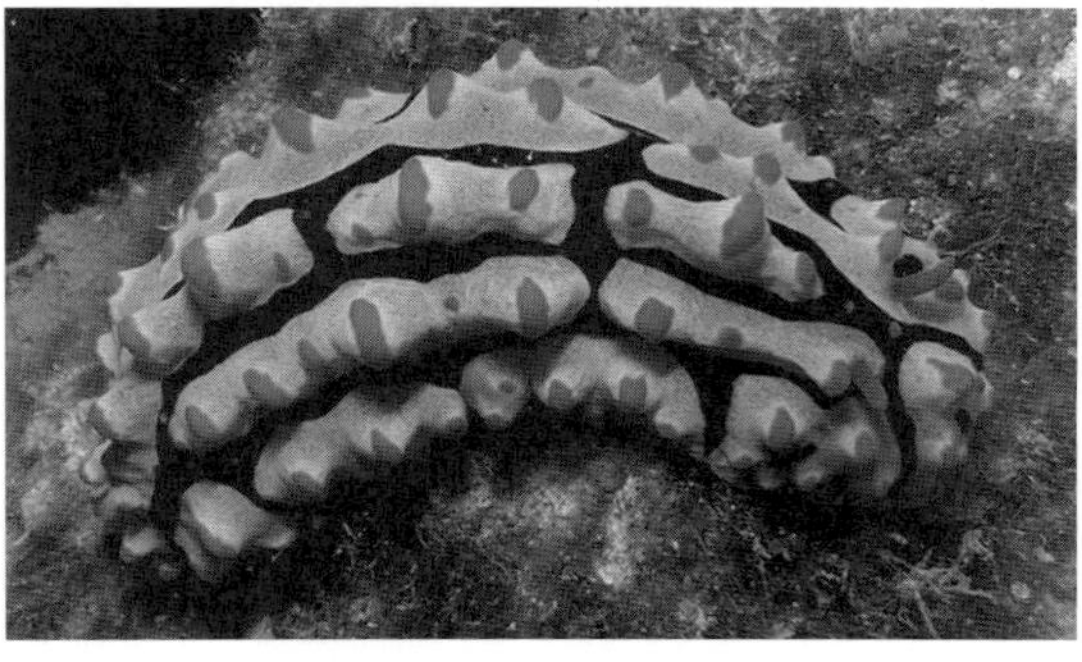

図44：タテヒダイボウミウシ。最大で10㎝にもなる大型のウミウシ。岩の表側にいることが多い。水色と黄色のカラーリングが目立つ。よほど自分のまずさに自信があるのだろうと思われる

てしまい、海水を飲んでむせまくりました。いついかなる時でも笑いをとってやろうという関西人のサービス精神は水中でも遺憾なく発揮されるもののようです。

それにしてもウミウシって、どんな味がするんだろう?

そこで次のダイビングの時、ウミウシの味見をしてみました。選んだのはコイボウミウシ。たまたま見つけて、かつ、素手でもつまみやすい大きさと硬さをしていたからです。

※レギュレーターリカバリー:水中で口からレギュレーターが外れた時に拾い上げてくわえ直すこと。

ウミウシはヤクザの味

コイボウミウシを口にいれた瞬間、苦いような酸っぱいような痛いようなまずさが舌を刺しました。あまりのまずさに思わず吐き出し、すぐにレギュレーターをくわえてみたものの、口いっぱいに広がった苦みとえぐさは消えません。そこでまたレギュレーターを外して海水でうがいしたのですが苦みとえぐさは薄まらず、さらに海水のしょっぱさが加わって「ぐふっ」「おええっ」。その後のダイビング中ずっと「まずい」しか考えることができなかったくらいまずく、エキジットして真水で口をゆすぐまで口の中に残っていたくらいしつこいまずさだった、といえば、どれくらいまずかったかイメージいただけるでしょうか。

この頃私は未だ知らなかったのですが、ウミウシは餌由来のまずい物質＝防御物質を体に蓄積しています（↓52ページ「ジャングルの中に隠れ住む」）。最初にウミウシの防御物質の組成が明らかにされたのは、ハワイ産のタテヒダイボウミウシだそうです。タテヒダイボウミウシをつつき回すなどしていじめると独特な匂いの粘液を出しますが、この粘液の溶けた海水の入ったバケツに魚やエビを入れると短時間で死ぬことが報告されています。イボウミウシ類の多くが目立つ派手な体色をしており、かつ岩の隙間などに隠れもせずに岩の上に堂々といるのは、敵（魚など）に食われない自信があるからでしょう。ヤクザ屋さんが「オレはやばいぜ、オレに構うとケガするぜ」と言わんばかりに背中の紋々（入れ墨のこと）を見せつけているのと理屈は同じ。この「オレはやばいぜ」的な色を生物学では警告色（↓55ページ「派手な色のもうひとつの役割」）といいます。かつ、彼らの体（皮膚）はウミウシとは思えないほど硬い。かじろうと思って易々とかじれる硬さではない。ヤクザ屋さんのたとえでいうと防弾チョッキ。そんな、見るからにやばそうなヤクザもといイボウミウシで笑いをとる神田くんも神田くんなら「どんな味かしら」と口に入れてみた私も私です。コイボウミウシは「好奇心にまかせてやばそうなものに安易に手を出してはいけない」との教訓をくれた、我が人生の師の一種です。

先達もウミウシを食べていた

とはいえ好奇心はいかなる人生訓をもってしても抑えがたく、この後も私は多くのウミウシやウミウシの餌を食べて（なめて）みました。かわいさで人気の高いドーリス類は多くが苦くてえぐく、軟らかいがゆえに舌にフィットするせいか、コイボウミウシよりもまずく感じます。タテジマウミウシ類もえぐぐ、かつ生臭く、真水で口をゆすいでもイヤな後味の残るまずさでした。いっぽうフシエラガイの仲間はさほどまずくなく、イボウミウシがまずさレベル10とするならフシエラガイのまずさレベルは3くらい。メリベウミウシの仲間はさらにまずくなく、まずさレベル1くらいです。

などと書くといかにも食い意地のはったアホな子のようですが、自分の研究対象を食べてみたい欲求にかられる研究者は案外多くいるようです。ウミウシ研究の大先輩である千葉大学の元教授、平野義明先生も例外ではありませんでした。

平野先生のご著書『ウミウシ学』は、ウミウシを研究したい人に必ずお勧めする教科書的書籍の1冊です。この本にはウミウシの基礎知識がわかりやすい文章で書かれているだけでなく、ウミウシという動物への研究者としての愛があふれています。特に私が平野先生への敬愛と親近感を感じたのは以下のくだりです。

（前略）どのくらいまずいか試してみたことがある。カメノコフシエラガイは、なめると苦く舌を刺すような味がした。クモガタウミウシをなめると、やはり、舌がピリピリする。身の危険を感じて、それ以上の「試食」はやめることにした。しかし、その後、大型のイシガキウミウシの仲間が採れたとき、その大きさと異様な臭いの「誘惑」に勝てず、またもや味わってみることにした。前回の「試食」実験から、その怖さをある程度察知できたので、今回は背中を手でさわって、その手をなめるという方法をとった。背中を「やさしく」なでた手には、すでに強い酸臭が漂っている。恐る恐る指を舌にあてる。一瞬、「なあんだ、たいしたことないな」と思ったが、次の瞬間、強い苦みのような痛みのような感覚が舌に走った。あわてて口をすすいだが、いやな後味がしばらく消えず、何度も口をすすいだことを覚えている。手の臭いもしばらく消えなかった。もう「試食」実験は絶対やめよう、そう思った。

（平野義明『ウミウシ学―海の宝石、その謎を探る』より）

ウミウシ友の山田久子さんと話していて、話題が平野先生のご著書に移った時のこと。

「どこを読んでも面白い本だけど、食べてみたくだりを読んだ時はほんとにうれしくなりましたよ。ウミウシの味に興味をもつのは私だけじゃなかったんだなって」

そう言うと山田さんはくすっと笑って、

「理枝さんと平野先生の前にもウミウシを食べた人、いらっしゃいますよ」

「えっ？　私と平野先生のほかに、そんな頭のおかし……そこまでする人がいるんですか？」

山田さんはまたくすっと笑ってから、

「昭和天皇」

「ええっ？」

「なんて本だったかしらね、それに書いてあったのよ」

そこで探してみたところ、高橋紘さんとおっしゃる方の書かれた本に、以下の一説があるのを見つけました。

記者：イソギンチャクやウミウシを召し上がったのは、どういうわけですか。
天皇：イソギンチャクは、あまり私は食べなかったが、ウミウシやアメフラシは食べられるから、

　食べてみた（笑い）。
記者：味の方は。
天皇：あまりよくないな。
記者：臭うんじゃないですか。
天皇：いや、臭わない。
（高橋紘『陛下、お尋ね申し上げます—記者会見全記録と人間天皇の軌跡』より）

昭和天皇の、なんと好奇心旺盛であられたことか。でも天皇陛下、アメフラシだけでなくイソギンチャクも食べられます。『信長のシェフ』によると、地中海にイソギンチャクを食べる地域があるようです。
　それにしても平民の私や平野先生ならいざ知らず、アメフラシやイソギンチャクを陛下がお召し上がりになるのは、さすがにやばいのではないでしょうか。よく侍従の方々が止めなかったものだと思います。

アメフラシの炊き込みご飯

平民からやんごとなきお方にまで、あまねくまずさが知れ渡っているウミウシですが、ウミウシの一種であるアメフラシは千葉の外房と日本海の隠岐島などでは食卓にのぼると、いつだったかＮＨＫの番組で放映されていました。その時にメモした調理方法を書いておきます。

1：アメフラシの側足と内臓塊の間、つまり外套腔の間に手を突っ込んで内臓を引きずり出し、紫色の汁を出す部分などをよく洗う。
2：沸騰したお湯に、1のアメフラシを入れて茹でる。
3：お湯から取り出し、輪切りにする。
4：酒と醤油とみりんで煎りつける。

隠岐では1の工程を海の中で行うそうです。海で下処理してから家に持ち帰れば、アメフラシの紫色の汁がキッチンを汚さなくて済みます。というのもこの紫色汁、タイルの目地などにつくと取れないのですよ。これについては和歌山にある京都大学瀬戸臨海実験所で、大学院生にアメフラシの解剖をレクチャーしていた際、流し台に紫色汁を盛大に飛び散らかしてしまった実績があります。急いで拭いたのですが全く取れませんでした。今もまだシミが残っていたらどうしよう（すみません）。

アメフラシの上記の料理を隠岐では「べこの照り焼き」と呼び、民宿や居酒屋などで郷土料理として客に供している由。番組では「ホタテに似た食感が味わえる」とのことでした。隠岐島では照り焼きの他に、茹でて輪切りにしたアメフラシを酢味噌と葉山椒で和えたものも供されるそうです。

ここまでわかっているのだから、食べないわけにはいきません。ちょうどアメフラシの胃の中身に用事もあることだし。ということで本書執筆中の２０２４年4月、ＮＰＯ法人全ウ連（↓２４６ページ「プロとアマの架け橋になる」）会員の監物うい子さんたちの協力でアメフラシを3個体採集。解剖して胃から必要なものを取り出した後、照り焼き作りに挑戦しました。

ふだんは塩化マグネシウムなどで麻酔をかけてから70％エタノールで固定して、解剖するのはそれからです。動かなくなったウミウシにメスを入れるのは容易です。しかし今回は食すために、麻酔もかけずにメスを入れます。嫌がってシンクの中で暴れ回るアメフラシをぐにゅっとつかんでメスを入れる。心が痛む瞬間でした。私たちはこうやって生き物の命をいただいてご飯を食べているのだなあ、と実感し、感謝とともにアメフラシをお陀仏させました。そして手順通りに作って（図45）食べてみたところ。

硬い。

いくら噛んでも噛みちぎれない。ゴムのような触感と、ホタテというよりアワビに似た、しかしアワビよりはるかに磯臭い味。

要するに、あまり美味しくないのです。

困りました。せっかく感謝とともにアメフラシを惨殺し、キッチンを紫色汁と粘液まみれにして調理したのに。私は皿の上のアメフラシを見ました（図45C）。アメフラシも私をじっと見返してきます。どうしてくれんのよ、責任とってよね、とアメフラシの頭部が訴えてきます。

その時、長年の主婦の経験から、あるひらめきが頭に浮かびました。炊き込みご飯にしたらどうだろう？

そこで照り焼きにしたアメフラシをまな板に戻して粗みじん切りにし（図46F）、薄口醤油とみりん、料理酒とともにご飯にまぜて炊いたところ。

驚くほどの美味しさでした。

図45：アメフラシの調理法。A. 内臓塊を取り出してから茹でる。生体時には体長が約16cmあったが、茹でると約7cmに縮んだ　B. 輪切りにした。この後醤油と酒とみりんで照り焼きに　C. 照り焼きアメフラシの頭部正面　D. 頭部背面。穴の開いているところは食道があった箇所　E. 照り焼きのアメフラシで一献　F. Eを再びまな板に戻し、1辺5mm程度の粗みじんに切った。この後薄口醤油と酒、みりんとともに炊飯。G. 完成形。ご飯の中に散在する黒い破片がアメフラシ。高級煎茶でいただくと料亭の味

「アワビの炊き込みご飯、1杯千円プラス税」と言って販売したら、皆だまされること間違いなしです。ダンナ氏は「これはいける」と一膳完食。私は（深夜だというのに）おかわりまでしてしまいました。食後の感想は「また食べたい」。もし今昭和天皇に拝謁かなうなら召し上がっていただくのですが。残念無念。

そうだ大学院、行こう！

私がウミウシ図鑑、書くの？

話を2000年頃に戻します。『ウミウシガイドブック』の出版は「海底に這いつくばったり壁を水中ライトで照らしたりしているダイバー」を周囲のダイバーが奇異な目で見なくなった、エポックメイキングな出来事でした。1996年頃から仕事をしていたダイビング雑誌『月刊ダイバー』編集者の渡井久美さんから「ウミウシの原稿も書いていいわよ」とのお許しをいただき、以来『ダイバー』誌にはたくさんのウミウシ記事を書かせていただきました。2003

年には福音館書店の『月刊たくさんのふしぎ』(図46A)に、ウミウシについて執筆しました(写真担当は水中写真家の豊田直之くん)。それでも当時の私は自分のことを、ウミウシの論文を読むのが好きな単なるアマチュアだと思っていました。そんな時に小野さんから「もう1冊、ウミウシの図鑑を出したい」との連絡がありました。

「『ウミウシガイドブック』は世の中にウミウシという動物を知ってもらうための本だったからね。今度はもうちょっとちゃんとした図鑑を出したいんだよ」

そこで知り合いの出版社にあたったところ「沖縄だけのウミウシの図鑑は既に1冊出ているしね……、本州のウミウシとセットでなら考えなくもないけど。その小野さんて人、本州のウミウシについては書けないの？」

「えっ？　つまり沖縄と本州、2冊セットなら出版を考えてくれるってこと？　では本州のウミウシ図鑑の執筆を引き受けてくれる人を探します！」

A　B

図46：大学院進学前に上梓した本。A. 2003年8月出版『たくさんのふしぎ　ウミウシ』。5年後に単行本化された　B. 2004年7月出版『本州のウミウシ』

まずお声をおかけしたのは『ウミウシガイドブック』編集の際にウミウシについてさまざまなことをご教示くださった千葉大学の平野義明先生。が、「僕はミノウミウシのことなら書けるけれどウミウシ全般のことは無理」とのつれない、しかし誠実なお返事をいただいてしまい、ならば、と大学や博物館などにお勤めの、ウミウシの分類に関する論文でお名前を見かけたことのある日本人ウミウシ研究者のほぼすべてに声をかけました。が、しかし誰からも色よい返事がいただけません。中にはまったく返事をくれない（つまり無視する）先生も……。

本州のほうの執筆者が決まらないと、沖縄のほうも話が進まない。どうしたものか……と悩む私の背中を押したのはダンナ氏でした。

「小野さんのヘルプってだけじゃなしに、自分でも論文とか相当読んだりしてきたはずだし、書ける範囲で書いたらいいいんじゃない？」

「……たしかに国会図書館に論文のコピーをとりに行ったり欧米の研究者から文献を取り寄せたりはしたよ。でも私なんかが書いていいのかなぁ～だって私、アマチュアだし」

「それをいったら小野さんだってアマチュアじゃないか」

「そりゃそうだけど」

「日本中のプロに頼んでダメだったんだから、理枝が書いても誰も文句は言わないよ」

それもそうか……そうだよな！　と思い、『本州のウミウシ』（図46Ｂ）は私が執筆することになったのです。

図鑑執筆は（当たり前ですが）簡単な仕事ではありません。しかし私にはひとつだけ勝算がありました。

図鑑を構成する重要な要素のひとつが写真です。よい図鑑が作れるかどうか、つまり勝敗はクオリティの高い写真が集められるか否かにかかっています。『本州のウミウシ』というタイトルながら、カバーするエリアは沖縄以外の全国、つまり北海道から鹿児島（奄美大島）まで。狭いようで広い日本の海。それぞれの海でウミウシの写真を撮っている人たちから借りまくるしかありませんが、私にはそんな知り合いが日本中にいました。

山田久子さん、今本淳さんをはじめとする全国のウミウシ友、八丈島の田中幸太郎くんや大瀬崎の栗原友彦さんなど、各地で活躍するウミウシ探しが得意なダイビングガイドさん、『ダイバー』誌や『ウミウシガイドブック』の仕事を通じて知り合ったプロの水中カメラマンの方々。総勢33名のご協力を得られたからこそ『本州のウミウシ』は出版できたのです。

そうだ大学院、行こう！

2冊ほぼ同時進行の編集作業、かつ1冊は自分で執筆しないといけない。ハードワークのおかげでシニア目が一気に進みましたが、とにかく1年後の2004年夏、『沖縄のウミウシ』『本州のウミウシ』は無事刊行されました。ところが上梓したとたんに私に訪れたのは達成感でもなければ平穏な日常でも安寧でもなく、「シロウトがとんでもないことをやらかしてしまいました」「なんかすみません」的な感情でした。

出版業界では、原稿を書いた人や記事を載せた媒体には必然的に書いたこと・出版したことに対する責任が生じます。取材対象が人間の場合、下手なことを書くと名誉棄損で訴えられます。私は自問してみました。あんなものを世に出した私はウミウシに訴えられるんじゃなかろうか？　いや訴えられるに違いない！

これが月刊誌だったら「来月号が発行されるまで、どうか何事もなく過ぎますように」と、頭を低くしてやり過ごすところです。ところ今回は、既に終わった仕事なのに、なぜかウミウシのことが気になってしかたない。

どうやら図鑑を書くことで、ウミウシのことをますます知りたくなってしまったみたいです。

ウミウシについて専門的に勉強がしたい、でもウミウシの専門学校なんて聞いたことがない。どうやったら独学我流ではなく、きちんと基礎から系統立てて勉強できるんだろう。

そこで大学時代に生物系の学部に在籍していた出羽くんと神田くん、そして神田くんの高知大学時代の友人である山下慎吾くんの意見を聞いてみることに。山下くんは社会人を経験してから大学院に進学し、博士号を取得したキャリアの持ち主です。

「ウミウシについて、マジに勉強したくなったんだけど、どうしたらいいと思う?」

そう相談すると出羽くんは、

「勉強したいんやったら大学院に行ったらええんですよ」

神田くんは、

「大学受験からやり直して、理系の学部に行ったらどうですか」

大学受験から? 今から受験勉強をやり直せと? 国語と英語と社会だけなら1年勉強すればいけるかも。しかし私は数学ができないことにかけては自信があります。だから早稲田(私立文系)に進んだのに……そうだ、間をとって学士入学はどうだろう?

いっぽう山下くんは、

「大学院に進学したらいいいんじゃないですか」

2対1で大学院だ。よし、大学院に行こう！　大学院が無理なら学士入学にしよう！　しかし文系卒の私が理系の大学院に進学できるのか？　ふたたび3人に相談したところ、
「できますよ！　図鑑を1冊書いてるんやし」（出羽くん）
「進学できるように勉強したらいいんですよ。放送大学とか」（山下くん）
なるほど、放送大学か！　放送大学なら独学するより最新の知見が得られるし、大学受験より現実的だし、学士入学より経済的に無理がない。
そんな時、突然ダンナ氏が「オレさ、筑波大学の大学院に行こうと思うんだ」と言い出しました。
ええっ？　なんでまた唐突にそんなこと言うの？　事務所と従業員はどうすんの？　でもまぁ言い出したら聞かないのは私もダンナ氏も似たようなものだ。じゃあ私の進学はダンナ氏が大学院を出てからにして、それまで放送大学に通いながら、私を拾ってくれそうな生物系の研究室を探すことにしよう！
その翌年、社会人大学院生になったダンナ氏とともに東京を離れて茨城県つくば市に移住した私は、筑波大学大学院に通うダンナ氏の傍らで放送大学を受講し、筑波大学の図書館に通ってウミウシに関する論文を見つけてはコピーをして読む生活を始めました。

大学院に進学するための、たったふたつの試練

つくばでの最初の夏が過ぎた頃に研究室探しを始めたところ、あっけないほど簡単に候補の研究室を見つけることができました。琉球大学にあるその研究室のホームページには「無脊椎動物の研究をしたい人歓迎」「どんな分類群でもよい」「ただし当方はホヤの研究室であるため、分類については自分である程度どうにかできること」というような文面が並んでいました。これはまさに！　私にぴったり！　なんとかしてこの研究室に入りたい。でも一体どうやって？

そもそもこの研究室の教授である廣瀬裕一先生ってどんな人？

調べているうちに、その年の日本動物学会が〈つくば国際会議場〉で開催され、廣瀬先生が口頭発表されることがわかりました。会議場は我が家から徒歩10分の位置にあります。これを神のお導きと言わずして何といえばいいのでしょう！

学会で観察もといお見かけした廣瀬先生は、活舌のよい関西弁で元気よく口頭発表をされていました。活舌の良い無脊椎動物なんでもウエルカムなキャパの広い関西人のこの先生なら、きっと大丈夫だ！　そう信じて学会後に、先生にメールを書きました（書くのに3日、送信す

るかどうかにさらに3日悩みました）。清水の舞台からジャイアントストライドしたつもりで送信したその翌日、廣瀬先生から長い長いお返事が届きました。要約すると「きてもいいよ」「ただし図鑑を1冊書いた程度では文系学部から理系大学院への進学を認めない教授もいるだろうから、進学までに短くてもいいので英文論文を1本書くこと」「沖縄では車がないと調査に行けないから、進学するまでに自動車普通免許をとっておくこと」。

超喜んだのはもちろんですが、面食らいもしました。自転車にも乗れない運動オンチのこの私に、ヤンキーの総本山である茨城県において自動車免許を取得せよとは！　しかし先生は私が運動オンチかどうかなど知る由もなく、単に条件を述べられたにすぎません。ウミウシの研究をするために自動車免許が必要なら、進学をあきらめるか腹をくくるか。そうだ大学院、行こう！　と決めたものの、やはり大学院は京都ほど簡単に行けるところではありませんでした。

1週間ほど悩んでから「自転車はこがないと倒れるけれど、自動車は倒れようにも倒れられない、なぜなら自動車は最初から四つん這いだから」と自分に言い聞かせて土浦自動車学校に入学しました。教習場や仮免中に走った国道6号線での苦労話やこわかった話やこわかった話やこわかった話を今猛烈に書きたくなってしまいましたが、寄り道しているといつまでたっても大学院に進学できないのでまた割愛。とにかく死なずに・誰も殺さずに自動車の免許を取得しました。人間やると決めたらたいていのことはできるものです。

論文については「図鑑を作る過程でいろいろと調べたと思うんやけど、その中で、まとめて論文にできそうなこと、いくつか候補を出してみて」と廣瀬先生に言われて①嚢舌類の隠蔽種、②キヌハダウミウシ属の食性、③ホヤとリュウグウウミウシ類の食物連鎖の3案を提出したところ「中野さんはダイビングできるんやから、ダイビングせんとできひん研究やったらええんちゃう」との先生判断で②に決定。キヌハダウミウシ類については後述しますが、キヌハダウミウシ属のどの種が何を餌にするか、現時点でわかっていることをまとめた「おさらい」的な内容の論文を書くよう指示されました。

まずは先行研究の論文収集です。インターネットでは得られない情報を求めて多少の右往左往はしましたが、もともと趣味で論文を読んでいたくらいなのでさほど苦労はしませんでした。それより問題は執筆です。論文執筆は図鑑執筆どころではない大変さでした。なにしろ求められているのは「国際的な学会誌」に「英文で論文を書いて投稿すること」。ウミウシが好きなだけの単なるアマチュアに、いきなりなんちゅう試練を与えてくれるんだこの先生は……！　と嘆くというより呆れましたが、先生も「図鑑を書いたくらいだからもう少し英語ができると思ったんやけど」と呆れていたかもしれません。とにもかくにも廣瀬先生のご指導のもと、院試（大学院入学試験）を受ける前に執筆して投稿できました。内容は表1にまとめておきます。そして2006年7月、沖縄に赴き、院試を受けて、廣瀬先生にご挨拶。無事合格し、翌2007年4月に琉球大学大学院理工学研究科博士前期課程に晴れて入院。『本州のウミウシ』を上梓してから既に3年がたっていました。

余談ですが時代はうつり、今や多くの論文がネットからダウンロードできるようになりました。しかし今でもネットで拾えない情報は山ほどあります。インターネットを調べたらなんでもわかると考えるのは大間違いです。これから研究者をめざす人は、知識と情報を惜しみなく提供してくれる、心優しい先輩研究者とたくさん知り合うことをこころがけるといいと思います。昔は「せっかくオレが苦労して集めた論文だ、誰にも見せるものか」と考える底意地の悪い研究者がいたのですよ（今もいるかも）。

捕食者	餌種
アカボシウミウシ	ミノウミウシ類のさまざまな種
	オカダウミウシ
	オカダウミウシの卵
オオアカキヌハダウミウシ	スギノハウミウシ亜目の未記載種
オオエラキヌハダウミウシ	クロスジアメフラシ
	クロボウズ
キヌハダモドキ	キヌハダモドキ
	キヌハダウミウシ属のさまざまな種
	キヌハダウミウシ類の卵
キヌハダウミウシ	シロウミウシ
	ダイダイウミウシ
	キャラメルウミウシ
オキナワキヌハダウミウシ	ゴクラクミドリガイ属のさまざまな種
	頭楯目の未載種
	クロヒメウミウシ
キイボキヌハダウミウシ	アミダイロウミウシ
	コモンウミウシ
	シラナミイロウミウシ
	ホシゾラウミウシ
	アオウミウシ
キクゾノウミウシ	チドリミドリガイ
キンセンウミウシ	コノハミドリガイ
スミゾメキヌハダウミウシ	複数の底生ハゼ類の鰭（体液）
ツブツブキヌハダウミウシ	センテンイロウミウシ
	ホンクロシタナシウミウシ
シロボンボンウミウシ（未記載種A：図47A）	モンジャウミウシ
アマミキヌハダウミウシ（未記載種B：図47B）	エンビキセワタガイ
タスジキヌハダウミウシ（未記載種C：図47C）	クロヒメウミウシ
ウミヅタキヌハダウミウシ（未記載種D：図47D）	オトメウミウシ属の種

表1：キヌハダウミウシ類とその餌。Nakano & Hirose（2011）およびNakano（2019）を改変。

図47：キヌハダウミウシ属の未記載種4種。A. シロボンボンウミウシ（未記載種A：写真提供＝山田久子）　B. アマミキヌハダウミウシ（未記載種B）　C. タスジキヌハダウミウシ（未記載種C）　D. ウミヅタキヌハダウミウシ（未記載種D）　沖縄本島の真栄田岬でダイビングしていた時のこと。アマミキヌハダウミウシがいたので餌種のエンビキセワタガイ（図48）を1匹与えたところ、写真を撮る間もなく一気に飲み込んだ。そこで2匹目を与えてみたところ、途中で休憩（！）しつつも最終的には完食した。その様子は「もう腹いっぱい」「うぷっ」「うえええっ」と、えづきながらも無理やり腹におさめた、という印象だった。飢餓耐性が強い一方、餌がある時は無理してでも食べておこうという、いかにも捕食者らしい食いっぷりだった。それにしても自分とほぼ同じ体サイズの餌（どちらも1㎝程度）を2匹立て続けに食うとは！　食うほうも食われるほうも骨がなく、かつ水分の多い柔らかい体をしているからこそできる芸当（？）だなーと、いたく感心したことを覚えている

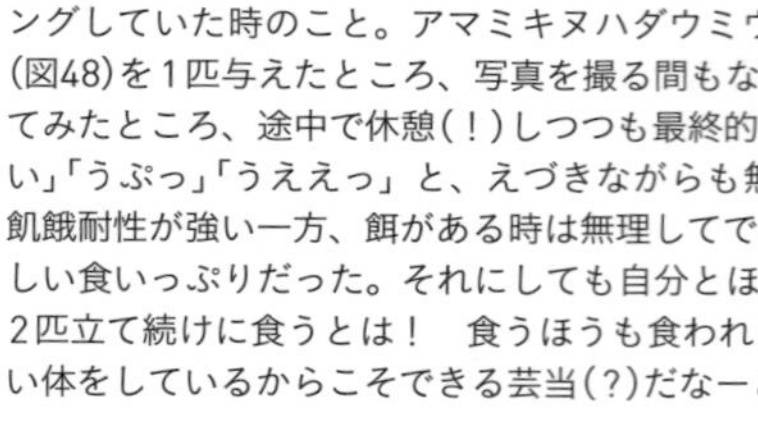

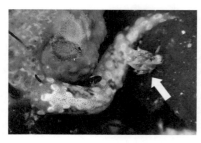

図48：エンビキセワタガイ。体の中央あたりに別種のウミウシ（テングモウミウシ：矢印）が乗っている。相手が餌でも交尾相手でもない場合は、乗るほうも乗られるほうも、まるで相手が存在しないかのように互いを無視する。餌と同種以外は認識できない（認識しても得られるベネフィットがないため、認識しないで済む方向に進化した）のかもしれない（写真提供＝大池哲司）

ウミウシを飼育する

キヌハダウミウシ類を飼うことに

大学院に進学して変わったことは多々ありましたが、ダイビングに関しては特に大きな変化がありました。まずガイドさんに頼らず仲間と一緒に、あるいはひとりでダイビングするバディダイブまたはセルフダイブがデフォルトになりました。進学前は海に行けば1日に2〜3ダイブしていましたが、進学後は基本的に1日1ダイブ、多くても2ダイブ。ダイビング後はホテルに戻ってシャワーを浴びてビールを飲んで……などは行わず、ペットボトルに詰めていった真水を頭からかぶって海辺で着替え、採集したウミウシが弱らないうちに急いで研究室に戻ります。

ウミウシに対しても「見る」だけから一歩踏み込んだ、濃いおつきあいをさせていただくようになりました。具体的に書くと①採集する→②飼育する→③固定する[※1]→④解剖する。時には「飼育する」を飛ばして、採集してきたものをすぐ固定することもありました。研究室の先輩の中には「ダイバーだった人はウミウシを固定するのを、かわいそう〜とか思うんじゃないのお?」とわざわざ言いにくる人がいましたが(あれはどういうつもりだったのかな?)、私は固定にはまったく抵抗がありませんでした。廣瀬先生には「ダイビングせんとできひん研究」を勧められましたが、せっかく進学したのだから「研究室でしかできひん研究」だってしたいではありませんか! 飼育したり固定して解剖しないとわからないことはいっぱいあるんだし! ということでウミウシの飼育や固定は私の日常となりました。

図49:キヌハダウミウシ属の一種、アカボシウミウシ。本種は潮間帯ではオカダウミウシを捕食し、潮間帯以深では写真のようにミノウミウシ類を捕食する(写真提供=対間大将)

さて、その飼育や固定の対象、キヌハダウミウシ類について。キヌハダウミウシ類は全体にもちっとした感じでなんとなくかわいい(図47)のですが、特筆すべきは見た目よりもその食性にあります(図49)。

多くのウミウシが固着生物を餌にしますが、ゴカイやクモヒトデなどの自由生活者を餌にするウミウシもいます。中には他のウミウシを餌にする、アグレッシブな食性を示すウミウシもいます。その代表がキヌハダウミウシ属のウミウシなのです。しかし「ウミウシを食べるウミウシ？　すごーい！」「こわーい！」「グローい！」とキモいもの扱いされて嫌われたり「キヌハダってさ、ウミウシだったらなんでも食べるのよね」と誤解されたりすることが多く、客観的なデータつまりキヌハダウミウシ属のどのウミウシがどのウミウシを餌にするのか（餌の選択性）、どのようにして餌を発見し、追跡してどのように捕食するか（捕食様式）はあまり知られてはいませんでした。そこでキヌハダウミウシ属ウミウシの食性についての先行研究のとりまとめを進学前に書いたのでした。しかしこの話には続きがあって、修士（博士前期）過程の2年間で「餌種の選択と捕食様式を実際に自分で観察し、結果を英文論文にして投稿して受理されること」「その論文と進学前に書いた論文を2本セットにした内容で修士論文を書くこと」。そう廣瀬先生に言い渡されて、沖縄に引っ越して心ウキウキだった私は現実に引き戻されました。というのもウミウシはいつでもどこでも手に入る、コンビニエントな生き物ではないからです。だからこそ海底でのウミウシ探しがダイバーに人気なわけですが……、これはやばい！　のんびりしていたら修士の2年間なんかデータ集めだけで終わってしまう！

ところが大学院生ライフは予想以上に忙しく、海に行く時間がなかなかとれません。特に大変だったのが論文紹介の準備。論文紹介とは自分の研究に関係する先行研究の論文（もちろん英文）の内容を、その論文の著者になったつもりで指導教官とゼミ生の前で発表すること。論文の内容を理解するには、その論文に関係する論文を読まねばならず、しかも私の指導教官は専門がホヤで、ウミウシのことは「院生なんやし、自分で調べなさい」。幸いにして大学院生になったことで、どの大学の先生に何を聞いても親切にお答えいただけるようになりました。ライターという職業がら、他人様にずけずけ質問するのは得意です。海外の研究者に質問する時だけは苦労しましたが（今でも苦労しています）。このゼミでの論文紹介、2〜3ヶ月に一度、順番が回ってくるのです。

英文論文の完全読解に四苦八苦しながら発表用のパワーポイントとレジメを作り、発表を終えたらほっとする時間もあらばこそ、大慌てで海に行って餌候補を採集し、明日はキヌハダウミウシ類と餌候補ウミウシを使って、あれをああしてこれをこうして、と実験の手順を考えながら研究室に戻ったら、なんたることか肝心のキヌハダウミウシさまが死んでいた、なんてこともありました……。愕然とする暇もなく、今度は採集してきた餌候補ウミウシを飼育して、主役のキヌハダウミウシ類を探しに行き……。修士時代の2年間は「論文を読まなくちゃ！」

と「キヌハダはどこだ？」「キヌハダの餌は何だ？」と、それぱかり考えていた気がします。

ウミウシを海で探す方法や道具は、進学前に自分なりのメソッドを確立していましたが、飼育は人生初。水温や水質、照明そして餌の確保など、考えるべき案件はいくつもあります。ただ私の場合は飼育は目的ではなく、実験のための一時キープの手段でした。その結果キヌハダウミウシ類だけでなく、さまざまなウミウシを採ってきてはマイ水槽（研究室に設置した、自分で買ったウミウシ専用の小さな水槽）で飼育することになりました。そのおかげで海では決して見ることのできないウミウシの行動生態を観察することができました。中でも感激したのがウミウシの赤ちゃん誕生の瞬間に立ち会えたことです。

ウミウシの赤ちゃん誕生

水槽に入れて数日から1週間ほど、早いものではその日のうちに、ウミウシたちはガラス面に卵塊を産み付けます。交尾相手がいてもいなくても産卵は観察できました。これは「なんかおかしい。水温も違うし底が妙にツルツルしている」「拉致監禁されたかも」「エサの匂いもしないし、下手すると餓死してしまう」「これはやばい」などと焦ったウミウシが、子孫を残さねば、との本能に突き動かされて、おなかの中の卵を出してしまったのではないかと思われます。

ウミウシの精神状態はさておくとして、私にしてみれば、せっかく産み付けられた卵です。できれば受精卵であってほしいし、できるなら発生※2も観察したい。

海水交換の際はガラス面に付着したぬらぬら（主にウミウシの分泌する粘液）を歯ブラシでそっと落とすのですが、この時卵塊をこそげ落とさないように細心の注意を払いました。しかしいくら気をつけて飼育しても、ウミウシの卵は孵化することなく、むなしく水槽の中で分解されていきました。

「水槽でいくら卵を産んでも無駄じゃないかな」「無理やり連れてきてごめんね」と思いつつも飼育を続けたある日、研究室に行ってオキナワキヌハダウミウシを入れた水槽を覗くと、水槽の中でくるくる動く黒い小さなものに目が留まりました。

なんだこれは？　と水槽全体（といっても20㎝立方程度の小さな水槽）を見渡してみると、ガラス面に産み付けられた卵の中でも黒い小さなものがくるくる回っています。

もしや、これは？

凝視していると、くるくる回る黒くて丸い小さなもののひとつが「にゅるっ」という感じで卵の外に出ました。それを筆でそっと拾い上げ、シャーレに移して顕微鏡で観察したところ、濱谷巌先生の描かれたウミウシの赤ちゃんのイラスト（図50）とそっくりな物体がシャーレの中でくるくる回っていたのです。

「ヴェリジャー幼生だ……」

サッカー日本代表がブラジル代表に勝った時は拳を突き上げ「おおおー！」と絶叫しましたが、人間あまりに感激すると声が出なくなるもののようです。

むしろ大騒ぎしたのは研究室のメンバーたちで、「えっ？　ヴェリジャー幼生？」「おおっ」「すごい」「見せてください」「僕にも見せて」。その時にラボで作業――我が研究室の場合、ソーティング・麻酔・固定・解剖・顕微鏡観察・スケッチが主な仕事――をしていた全員が交代で顕微鏡を覗きこみ、「ウミウシも幼生時代は貝殻があるんだね」「どのくらい浮遊してから貝殻を脱いでウミウシの形になるんだろう」「幼生

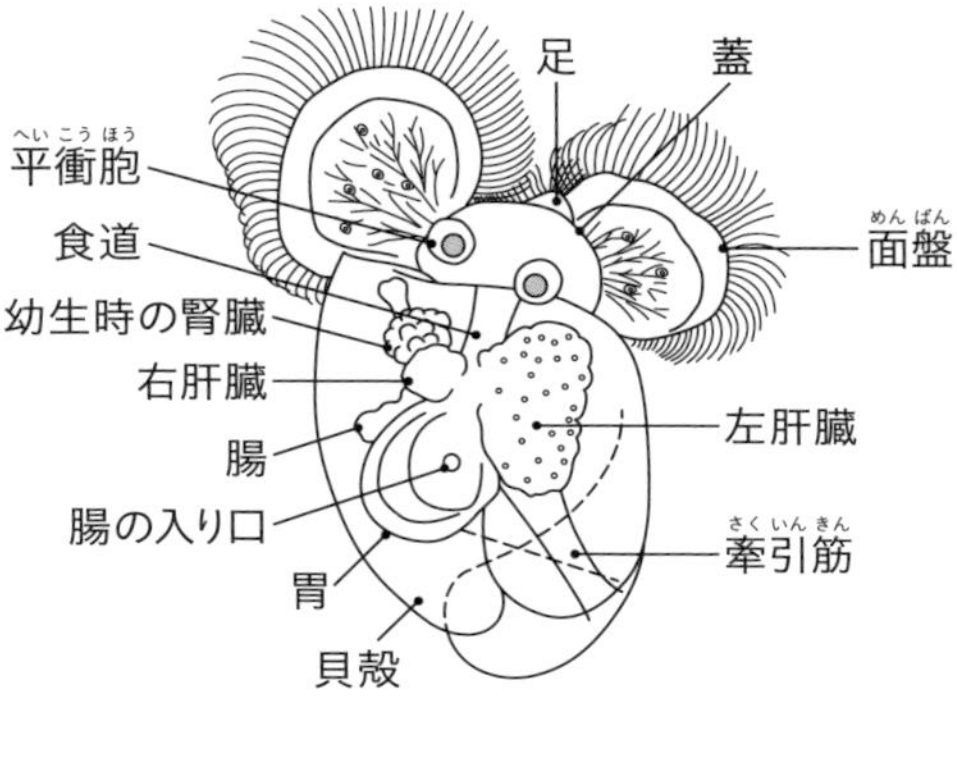

図50：スガシマコネコウミウシのヴェリジャー幼生。薄い貝殻が内臓塊をおおっているのがわかる。幼生期には頭部に面盤（めんばん）と呼ばれる器官がある。翼状に広がった面盤の周囲には繊毛が生えており、幼生はこの繊毛を用いて泳ぐだけでなく、微細な餌を集めて口に運ぶ。着底後に面盤は失われる。平衡胞は重力方向に対する体の姿勢を知覚する器官。Hamatani (1961)より改訂

でいる間は何を食べているのかな」「これ、変態するまで飼育できたらすごいよね。それだけで論文が1本書ける」と、私がふだん思っていたことを口々に言い始めました。あの日は夜になるまで研究室全体が高揚感に包まれていたように思います。

赤ちゃんウミウシの餌

この時のオキナワキヌハダウミウシの幼生は、孵化後9日間ほどで全個体がくるくるダンスをやめて水槽の底に沈んでしまいました。その数年後に知り合った、ウミウシの飼育が趣味でもあり特技でもあった日本大学（当時）の小蒿圭太くんによると「ほとんどのウミウシは、孵化までは観察できるんです。でも孵化してからの餌がわからないので、孵化後10日くらいでだいたい死んじゃうんですよ」。

くるくるダンスを観察してから7年後、日本女子大学の深町昌司先生と学生の林牧子さんが、ウミウシの幼生飼育についての研究をされました。林さんの書かれた研究紹介文『裸鰓目ウミウシ幼生の飼育の試み』(林・深町、2014）によると、孵化直後の初期の幼生に植物プランクトン数種を与えてみて、最もよく成長したのがキートセロス[※3]。この時は林さんの丁寧な飼育が奏功して、最長で5週間の幼生飼育ができた由。実験中、林さんはウミウシ幼生たちをシャーレで飼育していましたが、常に新鮮な海水で飼育するためには毎日水替えをしないといけません。しかし流水を使うわけにはいきません。そこで林さんは幼生をピペットですくいあげたり、老廃物や死骸を手作業で取り除く方法で、同時に数百匹以上の幼生を飼育したそうです。こうした研究者や学生の（林さんいわく「正気の沙汰とは思えない」）地道な努力の積み重ねが新しい知見として結実するのですね。

しかし林さんの方法で飼育しても、貝殻を脱ぎ始め浮遊生活を終わろうとした個体はいたものの、変態には至らずに飼育した幼生はすべて死んでしまったそうです。林・深町チームと池袋で飲んだ時に「ウミウシのやつめーなんでもいいから食ってくれないかなぁ、ごはんつぶでも沢庵でもいいからさぁ」と深町先生がビールのジョッキを握りしめて、少し怒った風に嘆いておられたのを印象深く覚えています。

みっつのタイプがあるウミウシの幼生

前節では話をわかりやすくするために、大事なことを少しはしょって書きました。ウミウシの幼生にはふたつ、正確にはみっつのタイプがあるのです。

幼生はまず、卵内で成体と同じかたちにまで育ってから卵から這い出てくる「直接発生型」と、孵化後しばらくは海中を漂ってから海底に着底し、成体のかたちに変態する「ヴェリジャー幼生型」に分けられます。

オカダウミウシ（口絵4図1）やクロヒメウミウシ（図51）などが直接発生型の代表選手。直接発生するウミウシは卵内でヴェリジャー幼生期までを過ごし、成体と同じウミウシ型に成長してから孵化します。つまり卵の中で変態を済ませてしまうので、生まれた時は幼生（赤ちゃん）ではなく、既に幼体（子供）にまで育っています。親が卵を産み付けた場所で孵化するので、親と同じ餌が食べられる、つまり餌を求めて移動しなくて済みます。つまり直接発生型は移動コストがかからないメリットがある代わりに、新天地を開拓しづらいデメリットがあります。

続いてヴェリジャー幼生型。これはさらに「卵栄養型」と「プランクトン栄養型」に分けられます。卵栄養型は体内の卵黄を消費したらすぐに海底に降り立ち貝殻を脱いで変態します。変態までの時間も1日程度、はやいものでは数時間しかかかりません。だから孵化した場所から遠くに移動できません。一方自分で餌をとって、ある程度育ってから変態するプランクトン

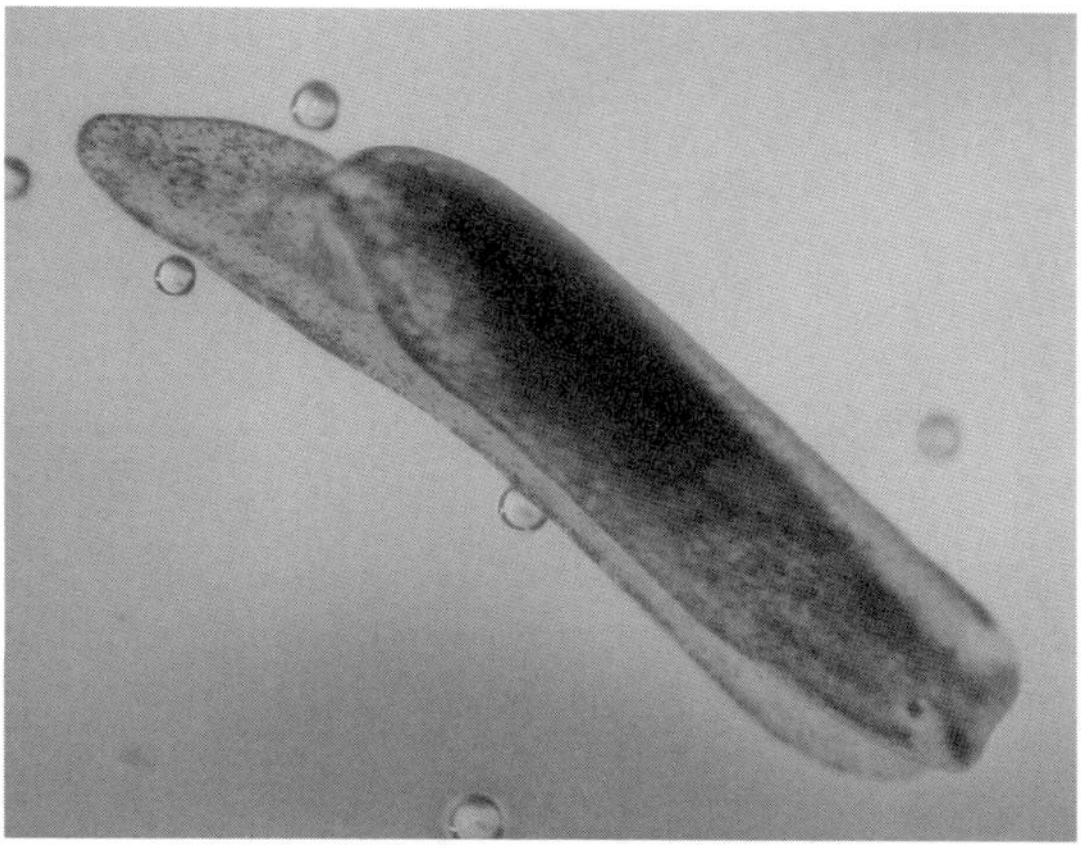

図51：クロヒメウミウシ。顕微鏡下で撮影。体長は1㎜

栄養型は、変態までに短いもので10日ほど、多くが20日以上かかるといわれています。私が飼育していたキヌハダウミウシ類や林・深町チームが研究していたイロウミウシ類の幼生はプランクトン栄養型でした。プランクトン栄養型の幼生は変態するまで潮に乗って遠くまで運ばれていくので、新天地を開拓しやすいといえます。しかしうまく餌にありつけず、逆に捕食者に食べられてしまう、あるいは変態に適した場所に至れずに、旅の半ばで命果ててしまう可能性も低くありません。

卵栄養型は大きな卵黄を抱えて生まれてくるので、体はそれなりに大きく（直径110〜250μmほど）、一度に産み出される数はさほど多くありません。一方、プランクトン栄養型は親からの資産＝卵黄が少ないため体は小さく（直径100μm以下、多くが70〜90μm）、一度に産出される卵の数は多く、カリフォルニアアメフラシは1度に1億個（！）も卵を産むそうです。直接発生型やヴェリジャー幼生型のうち卵栄養型の戦略を「大卵少産」、プランクトン栄養型の戦略を「小卵多産」といいます。しかし中には水温などの環境の変化に応じて卵栄養型になったりプランクトン栄養型になったりと発生様式を変えるヴェリジャー幼生型ウミウシもいます。ウミウシって臨機応変な生き方をしていますね。見習いたいです。

人になぞらえて考えると、大きな冒険はせず、こぢんまりと低リスクな生き方をしている風な卵栄養型のウミウシのほうが多いように想像できます。しかし実際は大多数のウミウシがチャレンジングな幼生時代を過ごします。一度に生まれる数は多いものの、多くは浮遊中に捕食者に食べられてしまいます。どれだけの数が食べられてしまうのか、実験も観察もできませんが、平野先生はご著書『ウミウシ学』の中で、卵が成体まで生き残る確率を0・01％と推定されています。

0・01％。1万個の卵から、たった1匹だけが生き残る。

あの1ミリにも満たない赤ちゃんウミウシ、水槽内でくるくる回っていた小さくはかない存在が、はるか大海原に泳ぎ出て新天地をめざす。そして今、目の前にいる愛らしいウミウシは、

1万分の1という過酷な生存競争を生き抜いてきたサバイバーなのです。

イロミノウミウシの寿命

ここまで何度か「ウミウシは飼育が難しい」と書きましたが、実はウミウシは多くの水族館で展示されています。この事実があまり知られていないのは、そのほとんどが「たまたま」採集できたので、「とりあえず」展示されているから。

そんな中で、「たまたま」ではなく飼育員自らが「積極的に」ウミウシを採集しに出かけ、「とりあえず」ではなく「いつでもウミウシが見られるように」したのが鹿児島の〈いおワールドかごしま水族館〉。その名も「うみうし研究所」というウミウシ展示コーナーがあります。

「うみうし研究所」所長＝飼育担当者の西田和記さんは、千葉大学の平野義明先生の研究室でウミウシの研究をされた方。いおワールドに就職した当初からウミウシの飼育に並々ならぬ熱意をもって臨まれ、今までにウチワミドリガイ、ムカデミノウミウシ、センジュミノウミウシの継代飼育方法を確立し[※4]、動物園水族館関係者の間で名誉な「繁殖賞」を、ムカデミノウミウシとセンジュミノウミウシで受賞されています。西田さんは最近ウミウシの飼育・生態に関するご著書を上梓されたので、ウミウシの飼育に興味をお持ちの方は是非ご一読を。本書ではミノウミウシの一種、イロミノウミウシ（口絵5図6）の繁殖を成功させた、イスラエルのシュレジンガーたちの研究をご紹介します。

イロミノウミウシは潮間帯の普通種で、太平洋・西大西洋・地中海に分布し、それぞれの海に棲息するさまざまなイソギンチャクを餌にしています。シュレジンガーたちの研究室で飼育されたのは地中海産のイロミノウミウシで、産卵から約3日で孵化したそうです。ウミウシの幼生が着底・変態するには種ごとに特有のトリガーが必要で、地中海産のイロミノウミウシ幼生の着底トリガーは*Aiptasia diaphana*というイソギンチャクでした。幼生は孵化後25〜48日たってから水槽の底に降り立ち、貝殻を脱いで変態しました。変態後24時間以内にイソギンチャクを与えた幼体のみが生き残り、成長し次の産卵をするまでに約67日。

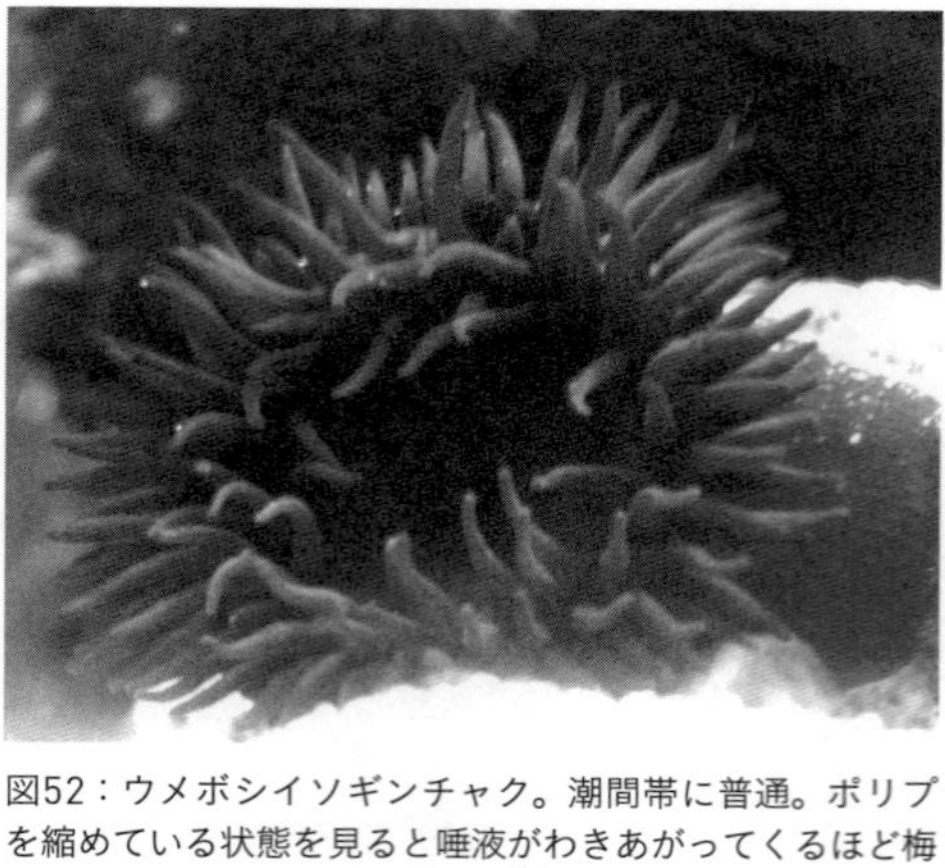

図52：ウメボシイソギンチャク。潮間帯に普通。ポリプを縮めている状態を見ると唾液がわきあがってくるほど梅干そっくり

ペア飼育された個体は1週間に2〜3回の産卵を行い、157日±13日で死にました。つまりイロミノウミウシの寿命は約5ヶ月。イロミノウミウシの幼生が卵栄養型であること、変態直後の幼生の餌が判明していること、餌のイソギンチャクはちぎれたところから分裂[※5]して増えるため、餌の確保が容易だったことなどがシュレジンガーたちの勝因と考えられます。ちなみに日本にいるイロミノウミウシはウメボシイソギンチャク（図52）などを餌にします。

ウミウシの餌を飼育する

シュレジンガーらや西田さんの用いた方法で、幼生期は卵栄養型で、かつ成体時は刺胞動物を餌にするミノウミウシ類は今後さまざまな種が飼育できるようになるかもしれません。しかし多くのウミウシは幼生期がプランクトン栄養型で、成体時の餌はカイメンなどの固着動物です。固着動物の多くは濾過食者《ろかしょくしゃ》[※6]ですが、カイメンは新鮮な海水がふんだんに使える海辺の水族館ですら飼育は難しいらしく、水族館関係者と飲むと必ずといっていいほどカイメンの飼育方法が話題にのぼります。「カイメンってちぎって海水に放り込んでおけば勝手に増えるんだよね？」などと言おうものなら「それは都市伝説！　そんなことをしたらカイメンは死んでしまうよ！」となぜか怒られてしまいます。

　カイメンを制する者がウミウシを制する。カイメン飼育こそが全ウミウシ飼育者の夢。そんな夢を現実のものにすべく、西田さんは現在[※7]、カイメン食のウミウシの飼育にも挑戦しているそうです。

　西田さんによると、岩にべったりとおおうようなカイメンよりも、あまり大きくならないカイメンをウミウシは好むそうです。そのカイメンを切断面がなるべく小さくなるように切って持ち帰り、ヒモでつるすなどして接地面を少なくし、強めに水流が当たるようにしておくと、1週間から10日くらいで復活するそうです。

林さんの快挙

　本書の原稿を脱稿し、さてパリオリンピックでも見ようかと少し油断した２０２４年8月5日、ニュースが飛び込んできました。日本女子大学から筑波大学大学院に進学していた林牧子さんが、アオウミウシを卵から成体にまで育てることに成功したというのです。「林さんすごい、快挙じゃん！」「これはお祝いしなくっちゃ！」という気持ちと同時に、またもや疑問が夏の入道雲のようにむくむくと。今までまったくうまくいかなかったのに、何をどうやったらうまくいったのか？　早速林さんに聞いてみると、どうやら幼生を飼育する容器と餌の与え方に秘訣があったようです。そこで本項を急いで追加することにしました。

林さんはまず成体から得た卵塊を、発生が均一に進むようにほぐしてから飼育開始。孵化後は水温を22度に設定した水槽で、1～3日に1回キートセロスを与えました。このとき飼育容器内の海水が止水（流れがない状態）だと、幼生が水面に張りついたり、餌が沈んでしまったりします。そこで林さんは飼育容器内にモーターの力で動く2枚のプロペラをつけて飼育水をかき混ぜるようにし、さらにプロペラの角度を調整して、幼生が水面に張りつかないような流れが生じるようにしました。

林さんはモーターの速度にも工夫をこらしました。幼生飼育方法が確立しているウニでは1分間に30回転するモーターを用いますが、この速度ではアオウミウシ幼生の胃に餌がほとんど入っていない様子が観察されました。そこで1分間に5回転と、よりゆっくりと動くモーターを用い、そのうえで2～3日ごとの水替えをしました。再び「正気の沙汰とは思えない」飼育を続けたところ、幼生は約3週間後に着底して変態し、底生生活へと移行しました。

変態後のアオウミウシの餌管理にも、驚くべき林メソッドが考案されていました。餌となるカイメンを採集してから、カイメン内にひそむゴカイ類などにウミウシが攻撃されないように、林さんはそのカイメンを切り刻んで洗った（！）というのです。しかもそのカイメンを飼育皿に入れたところ、切り刻まれたカイメンは皿の底と側面に付着したそうです。都市伝説は伝説ではなかったのですね！　アオウミウシの幼体はそのカイメンを食べて成長し、約6ヶ月後に成体になりました。

飼育成功のカギは22度という水温設定にもありました。この水温を選んだ理由は「水温が23～25度あると、産卵後3～5日で幼生が孵化したのですが、孵化後の飼育容器（シャーレ）内の水質が数日で悪化してしまいました。反対に低水温（18度）だと胚発生が途中で止まってしまいました。20度まで上げても胚発生のスピードが極端に遅く、孵化率も下がりました。一方、水温22度で飼育すると約6日で孵化し、その後の飼育に問題は生じませんでした。深町先生や大学院の指導教官である中野裕昭先生のアドバイスに基づいてこのような試行錯誤を繰り返し、その結果、水温22度がアオウミウシの飼育に最適な水温であると判断しました」（林さん）。

林さんが育てた成体の次世代を水槽内だけで育てられたら、「いつか」ではなく「ほぼ確実に」世界中の水族館で、幼生期がプランクトン栄養型・変態後はカイメンを餌にする多くのウミウシが飼育され、常設展示される日が来るのです。ウミウシの研究も飛躍的に進むことでしょう。

林さんの研究がいかにウミウシ研究界での快挙かがご理解いただけるのではないかと思います。
しかも林さんは10年以上かけてひとつのテーマに取り組んだのです。研究内容も素晴らしいですが、その根気には自ずと頭が下がります。オリンピックは4年に1度ですが、生物の研究も（内容によっては）4年あるいはそれ以上の時間をかけてじっくり取り組まないと結果が得られないことがしばしばです。スポーツも研究も、あきらめの悪い人だけが成果を得られると言ってもいいのかもしれません。

[※1]固定：動物をなるべく生きたときの形態を保ったままの状態で標本にすること。標本の使用目的によって固定液を使い分ける。ホルマリンかアルコールを用いることが多い。
[※2] 発生：受精卵が成長していく過程。
[※3]キートセロス：珪藻の一種。二枚貝やウニ・ナマコ、甲殻類の養殖用に広く販売されている。
[※4]継代飼育：動物を何世代にもわかって繁殖させること。
[※5]分裂：無性生殖で個体が増える時の方法のひとつ。
[※6]濾過食者：体内に海水を取り込み、海水に含まれるプランクトンなどの有機物を漉しとって餌にする動物。
[※7]現在：話を伺った2022年6月現在。

ウミウシを解剖する

解剖せずにはいられない

ウミウシに限らず、見たこともないものを前にすると、ヒトは必ず「これはなんという名前なのか」と考えます。キャプテン・クック率いる探検隊がオーストラリアに上陸した際、尻尾が長くてやたら跳びはねる動物を見てアボリジニに「あれは何て名前だ」と聞いたのは有名な話（この話の続きは長くなるのでご自分で調べてくださいね）。この「名前を確認する」作業を学術的には同定といいます。

多くのウミウシは外部形態、つまり見た目で同定できます。しかし中には見た目がそっくりで、別種なのに一見しただけでは同種に見えてしまうケース（これを「隠蔽種」といいます）や、同種なのに色模様が違いすぎて、一見しただけでは別種に見えてしまうケース（これを「色彩型」といいます）があります。こういう時、分類学者は解剖をしないわけにはいきません。

ちょっと専門的にいうと、Aという種の典型的な形態・色模様をした個体aと、Bという種の典型的な形態・色模様をした個体b、そしてAとBの中間的な形態・色模様の個体 cがいたとします。aとbの外部形態だけを見て「ほぼ同じだからaとbつまりAとBは同種だよ」とまとめたがる傾向の研究者もいれば、「aとbは違うところもあるのでAとBは別種だ」と分けたがる研究者もいます。ここにcを加えて「abcはすべて同種」「aとbは別種で、cはaと同種」「aとbは別種で、cはbと同種」「abcはすべて別種」と主張する人がいるかもしれません、というか、います。しかし外部形態だけでは、そう主張する人の主義や思考のバイアスがかかって客観的な判断ができません。そこで解剖して体内、特に口（歯舌や顎板などの形態や数）と生殖器の構造を調べるのです。

歯舌の形態や数はウミウシの重要な分類形質です。ウミウシは偏食家で、餌を食べるための器官もそれぞれの餌を食べやすいかたちに進化しています。同種なら同じ餌を食べているわけだから、aとbとcの歯舌の形も同じはず！　というわけですね。

生殖器の構造も分類形質として重要です。生殖して子孫を残せることが種の定義なので（逆に言うと他の種とは生殖できないわけで、これを生殖隔離といいます）、同種ならaとbとcは生殖器の構造も同じなはずだ！　というわけです。

しかしいくら解剖して内部形態を見ても、それでもなお主義主観や思い込みは介入しますし、新たな分類指標が見つかって分類体系そのものが見直されることもあります。そこで近年では遺伝子解析の手法を用いて、A（a）とB（b）、そして未知の種の可能性があるcが遺伝的にどの程度離れているかをまず調べ、同種か別種かをある程度明らかにしてからaとbとcの解剖学所見を精査する、という2段階の作業を経て同定・記載が行われることが増えました。

遺伝子解析は万能か？

　遺伝子解析の結果はパーセンテージで表示され、2種の塩基配列が100％同じであったとしても「同種である可能性が非常に高い」というような言い方をします。つまり遺伝子解析の結果のみでは同種か別種かという判断はできないのです。にもかかわらず、たとえば2004年には*Aegires*と*Notodoris*という、明らかに別属と思われる2属（図53）が、遺伝子解析の結果のみを重視した、やや乱暴な方法で同属とされてしまいました（この問題は4年後に別の研究者によって「やっぱり別属だった」との趣旨の論文が発表されて一応の解決を見ました）。

　ちなみにですが、過去の自分の研究を否定された研究者が「間違えてどーもすみません、これからは誰それに従います」と反省文を書いたり、論文を撤回したりすることはまずありません。学会で「あれは間違いでした」と発表された分類学者は、私の知る限り1名きり。

それから「なんとかウミウシの新しい分類体系について、日本貝類学会の会員はどうお考えなのですか」と質問を受けたことも何度かありましたが、学会単位で誰かの説に従うこともありません。どの説に従うかは研究者個人個人が判断することです。ただウミウシ研究者の世界にも派閥めいたものがあるんですよね……めんどくさいことに。

なお前述の、明らかに別種な2種を同種と分類した論文を書いた張本人（どこの国の誰かは内緒）は、今はシレっと「遺伝子と形態のどちらも大事です」と言っています。

図53：センヒメウミウシ属*Aegires*とキイロトラフウミウシ属*Notodoris*。A. センヒメウミウシ*Aegires villosus*　B. フイリセンヒメウミウシ*Notodoris gardineri*。*Aegires*は小型の種が多く、背面に多数の小突起がある。一方で*Notodoris*は大型種が多く、背面に特徴的な突起がある。しかし*Notodoris*の種を今も*Aegires*に含める研究者もいる。和名のみではこうした種間関係が系統的に把握できないこともある（写真＝Wikipedia Tchami）

サザエの解剖は役にたつ？

そんなわけでウミウシを記載する（学名をつける）ためには今や遺伝子解析と解剖の両方のスキルが必要です。しかし一度に両方マスターするのは難しいので、私は大学院でまず解剖を学ぶことにしました。

巻貝の解剖については実は大学院に進学する前に体験していました。ウミウシ友の山田久子さんに誘われて、国立科学博物館の開催する貝類解剖ワークショップに参加したのです。その時の材料はサザエとバイガイとハマグリ。解剖しやすい大きさで、かつ手に入りやすいことから、ワークショップでよく用いられるそうです。サザエの軟体部からは10㎝近くもある長い歯舌が出てきて「こんなものが入っていることを知らずに食べていたのか」とびっくりしました。今でも居酒屋なんかでサザエのつぼ焼きを注文したら、食べる前につまようじで解剖の真似事をしてみます。これをやるとかなりの確率で受けます（怒り出す人もいます）。居酒屋芸にするかしないかは個人の判断にお任せしますが、こうしたワークショップは各地の博物館などで開催されています。解剖という行為に対する心理的なハードルが下がると思いますので、興味のある人はぜひ一度。

解剖方法を教わりに

ウミウシの口器の解剖については教本を見てどうにかしました。取り出した歯舌や顎板を撮影する走査型電子顕微鏡（ＳＥＭ）には取扱説明書がありました。問題は生殖器官でした。アメフラシ以外は教科書がないのです。アメフラシの生殖器は二道式（↓１０４ページ「常にオスでありメスでもある」）で、キヌハダウミウシ類などは三道式です。ハウツー本がない以上は手探りでやるしかありません。ラドマン先生の記載論文などを参考にして我流で練習を始めたものの、自分のやり方が正しいのか正しくないのかもよくわかりません。そんな時にタイのプーケットで開催された国際学会で、日本大学の中嶋康裕先生と、お弟子の関澤彩眞さんと知り合いました。当時はチリメンウミウシのペニスの自切（↓２１０ページ「自切するウミウシたち2」）を研究されていた関澤さんなら、ペニスの、ひいては生殖器の解剖は得意に違いない！と思った私は帰国後関澤さんの在籍していた大阪市立大学（現在の大阪公立大学）に押しかけて（正確には、関澤さんの指導教官の志賀向子先生の許可を得て）、関澤さんに解剖の仕方を教わりに。関澤さんはご自分の研究時間を割いて、まる2日つきあってくださいました。そうそう、この時は八丈島の田中幸太郎くんに、解剖練習に適したサイズのドーリス類の標本を10個体ほど送っていただいたのでした。思えばこの時だけでなく、大学院時代は本当に多くの人に助けられました（今でも助けられまくっています）。この原稿を書いていて、多くの方々のご厚意に改めて胸が熱くなります。

それではウミウシの解剖方法について。①ウミウシを70％エタノールで固定する（長期保存や遺伝子解析するなら別の固定方法を用いますが、解剖するだけならこれでＯＫ）。固定してしまうと外套膜の色素が抜けて内臓と同じホタテ貝色になります。こうなると不思議なことに、ヒトをあんなに魅了する美しかった外套膜が邪魔でしかなくなります。そこで②解剖用ハサミでじゃきじゃきとウミウシの外套膜を切り取り、内臓塊《ないぞうかい》だけにしてしまう。教科書に載っているアメフラシの解剖方法では、側足を左右に広げた状態で板にピンで止めますが、関澤・中野方式のドーリス類の解剖では身ぐるみを剥いでしまいます。この時生殖器の出入りする孔（生殖門）の周囲だけ外套膜を残しておくのがミソ。③内臓塊になったウミウシを、大きく消化器官と生殖器官のふたつに分けます。それぞれを包んでいる薄い膜を破らないよう、メスやピンセットまたは何と呼んだらいいのかわからない手作りの解剖道具（図54Ｆ）を使って④細くて入り組んだ生殖器の管を1本ずつ、管をちょん切らないように細心の注意を払ってほぐしていきます。全体の構造を頭の中で３D再構築できるように、管や袋がどんな塩梅に配置されているか、どの管とどの管がどうつながっているかをメモしたり撮影したりしながら、管や袋をほぐし尽くすまで続けます。しかしこれで終わりではなく、今度は頭の中に再構築した３D画像とメモと写真を頼りに、それを２次元的に再現すべく模式図を描きます。

いくつもの標本を切り刻み、初めてうまく解剖して作画できた時、SEM撮影がうまくいった時。変態的な所有欲が満たされて「やっとこのウミウシのことを完全に知ることができた……！」と、えもいわれぬ高揚感に包まれたものでした。もちろん解剖しただけ模式図を描いただけで、その動物

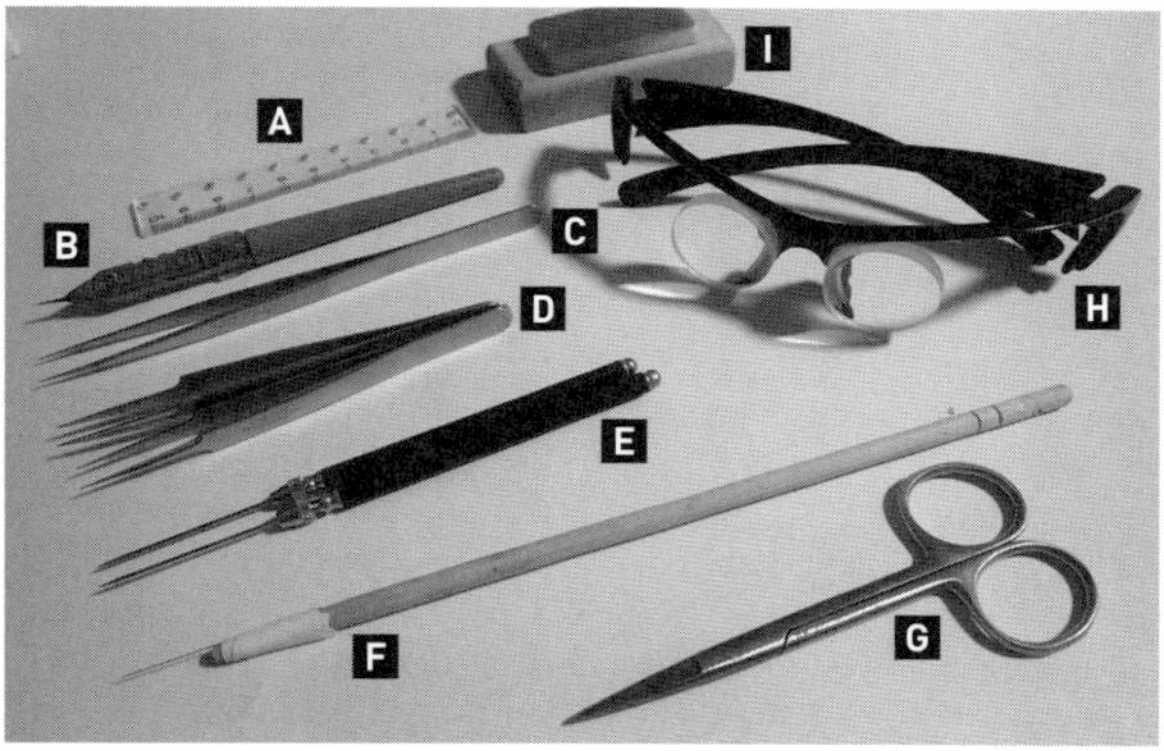

図54：筆者の解剖道具。A. スケール　B. ヒトの眼科手術に用いる極細メス　C. 極細ピンセット　D. 細ピンセット　E. 柄つき針　F. 極細（00番）の虫ピンを、お弁当を買うとついてくる、断面が丸い木のお箸にビニールテープで留めつけたもの。直径やしなり具合などを総合すると＜ほっともっと＞のお箸が最も使いやすい（個人の感想です）　G. 解剖はさみ　H. 手製のメガネ。顕微鏡を使うまでもないが、+5度のシニアグラスではよく見えないレベルの標本を解剖する時に使用　I. ピンセットやメスや虫ピンを研ぐための砥石。顕微鏡下でグリセリンで研ぐ

のすべてを知ることなどできるわけがありませんが、それでも解剖するたびに、新しい発見がありました。なにしろ同じドーリス類でも科、いや属が違うだけで各臓器の大きさや配置が異なるのです。しかもどの種も長球状をした内臓塊にそれらすべてがはみ出ることなく納まっているのです。それぞれの臓器の長さや大きさにはそれぞれ理由があり、配置の妙と理にはいつも深く驚かされる、と同時に、今よりはるかに性能の劣る顕微鏡しかなかった時代に微細な生殖器官を克明に観察した先人たちに、改めて尊敬の念を抱いたものでした。

最近は動物用ＭＲＩやＣＴを用いて内臓を観察する、つまり解剖しないで内臓を精査できる機会が増えてきました。今後はこうした非破壊的な解剖方法が標準化していくと思われますが、内臓の管と管の絡まりあいをリアルに知るには、やはり既知種の内臓の模式図を見ながら解剖レッスンしてみなくては。ただし解剖は根気と視力と手先の器用さとデッサン力と……マスターするには少々時間がかかるので、ウミウシの分類学に興味のある人は、是非若いうちに、サザエやバイガイで構わないので、まずは解剖という行為に慣れることをお勧めします。サザエやバイガイはとにかく解剖しやすいですし、教科書もありますし、後で食べることもできます。

第4章

ウミウシの挙動不審な暮らしぶり

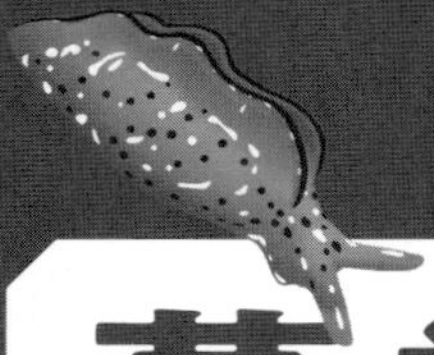

イラスト(上から)：アオミノウミウシ・コノハミドリガイ・ハナデンシャ・マダライロウミウシ

ハナデンシャとの邂逅

汚れたゴムボール？

博士前期課程（M）の2年間は「ダイビングせんとできひん研究」に明け暮れたので、後期課程（D）では「研究室でしかできひん研究」、すなわち分類学[※1]をやりたい！　と考えた私は、研究室の先輩の太田悠造くんに勧められた『種を記載する　生物学者のための実際的な分類手順』を読み始め、かつ生殖器の解剖の練習も始めました。そんなD1（博士後期課程1年目）の8月のこと。

午後、研究室で解剖の練習をしていると、研究室の後輩の吉田隆太くんから連絡が入りました。

「今、泡瀬（沖縄島中部の太平洋に面した地域）の漁港にいるんですけど、汚れたゴムボールみたいなウミウシみたいなものが港に浮かんでるのを見つけました。写真を送るので、何なのか見てもらっていいですか」

「(え〜どうしようかな〜今解剖レッスン中なんだけど。でも) 写真を見るくらいならいいよ〜ん」と軽い気持ちで答えたのですが、送られてきた写真を見て、私は我が目を疑いました。

……もしかしてこれは、ハナデンシャ？（口絵6図1）

「とにかく持って帰ってきて！」

解剖の練習は中断です。ハナデンシャを迎え入れる水槽の準備をし、急いでシースラッグフォーラムのハナデンシャのページを読み直しました。

ハナデンシャは体長が20㎝を超える、大型で丸い、体高のあるウミウシです。色白の素肌もとい体表に濃いピンク色や赤色、黄色の突起が散りばめられた、個性的で華やかな外見をしています。ふだんどこにいるのかは不明で、たまに水中で浮遊している（図55A）のを見かけるだけの、ダイバーにとっては垂涎もののレアウミウシ。食性も分布域も未だよくわかっていないとのこと。ハナデンシャという和名は大正時代から昭和初期にかけて走っていた、イベント用に派手な電飾をほどこされ「花電車」と呼ばれた路面電車に因みます。そんな美麗で希少で謎多きウミウシさまが、汚れたゴムボールのように浮かんでいる？

そわそわして待つこと2時間。吉田くんが拾ってきたウミウシはバケツの中に力なく沈んでいて、色白のはずの美肌が少し黄色くくすんでいます。体表の突起も半分近くがとれていて、たしかに汚れたゴムボールに見えました。

その状態を見て、飼育すべきか固定すべきか、たっぷり5分は観察してから決断しました。この個体は弱っており行動を観察する前に死んでしまう可能性が高い。ならば死ぬ前に固定してしまおう。そして解剖してみよう！

解剖したハナデンシャは、ウミウシにしては珍しい歯のかたちをしていました（図55B）。動き回るものをがっちりキャプチャするかたちだなーと思いましたが、胃の中から出てきたものは、食べた

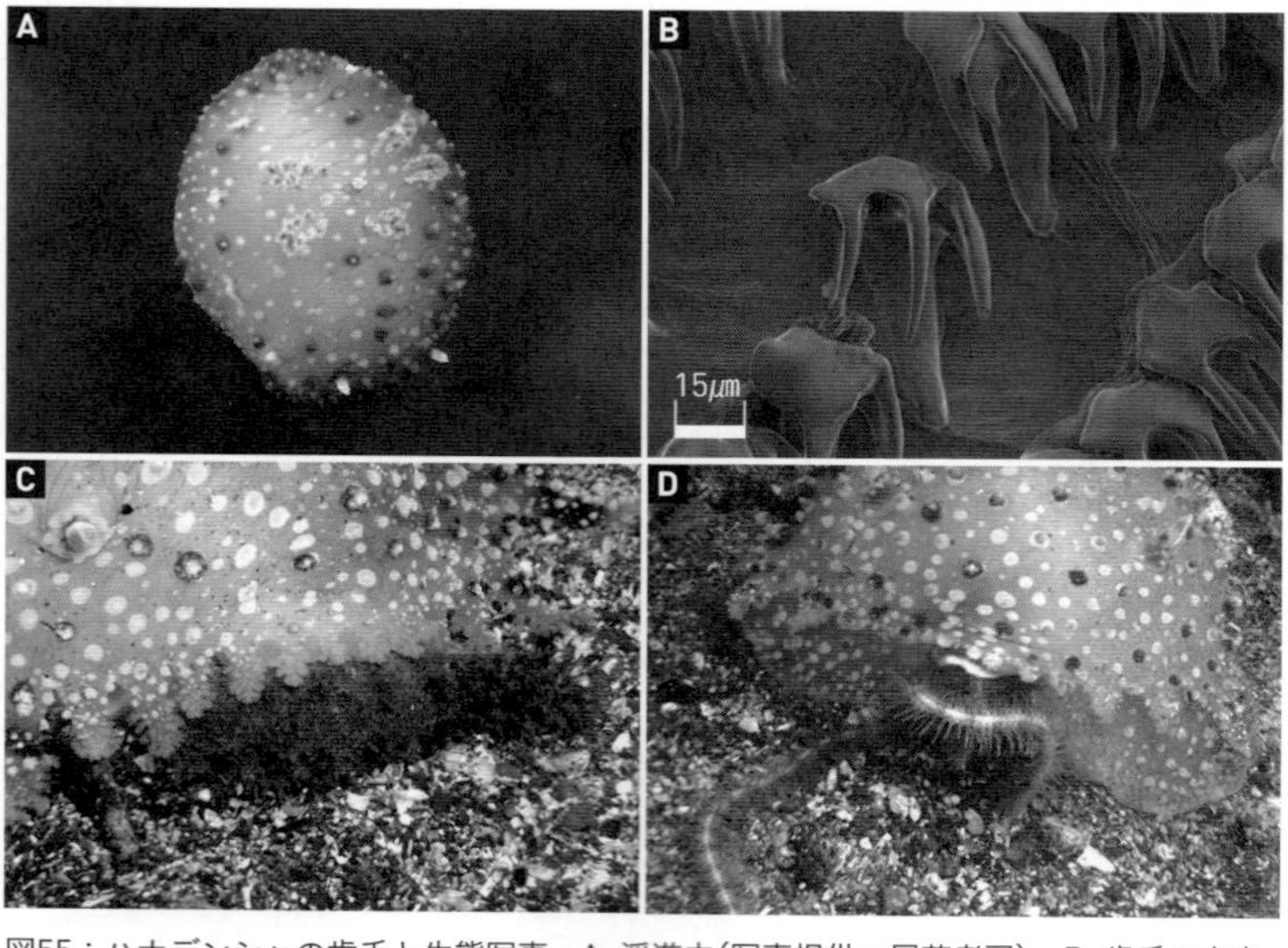

図55：ハナデンシャの歯舌と生態写真。A. 浮遊中（写真提供＝尾花孝司）　B. 歯舌の走査型電子顕微鏡写真。三尖頭（先がみっつに枝分かれしている）はウミウシの歯舌としては非常に珍しい。スケールバーは15μm.　C.ナマコの幼体を味見？するハナデンシャ　D. クモヒトデを捕食するハナデンシャ

ものが消化された、※2ペレット状のものだけでした。そのペレットからハナデンシャが何を餌にしているかを調べる方法があることを、当時の私は知る由もありませんでした。

日本そばのようにクモヒトデをすする

泡瀬での出会いから1ヶ月もたたない8月下旬、当時は千葉県明鐘《みょうがね》岬《みさき》にあったダイビングショップ〈パロパロアクアティック〉（現在は千葉県勝山に移転し、移転後の店名は〈かっちゃまダイビングサービス〉）のオーナーガイドの魚地司郎さんから連絡をいただきました。

「ハナデンシャが4個体とれました。現在水槽で飼育中ですが、必要ですか？」

今度は一瞬も迷いませんでした。

「もちろんです！」

連絡をいただいた翌々日に千葉に到着。お目にかかったハナデンシャは評判どおりの美麗さで、かつ水槽の中で浮いたり沈んだりを繰り返し、いたって元気そうに見えました。魚地さんによると、4匹のハナデンシャは海面を漂う流れ藻についていた由。水族館に寄贈するために捕獲、さまざまな餌を与えてみたところ、クモヒトデにビビッドに反応したそうです。

感心はするものの、疑問も次々にわいてきます。「ハナデンシャは浮遊するウミウシなのに、ベントス[※3]であるクモヒトデを餌にするのは論理的整合性に欠けるのではないかしら」「ハナデンシャは摂餌の時だけ海底に降りるのかも。で、本当はウミフクロウ（図56）のようになんでも食べるウミウシで、たまたまクモヒトデがいたから食べたってだけかもしれない」。

自分の目で見ないことには納得できません。そこで餌の見つけ方と餌の捕り方を確認すべく、ダイビングして観察することになりました。

まず、かごに入れたハナデンシャを沖まで持っていきます。次にかごごと海底に沈めてハナデンシャを環境に慣れさせ、その間に採集瓶いっぱいに餌候補の生物を採集したところでハナデンシャをかごから出して実験開始。いかにも食べなさそうなものも含めて、ハナデンシャの餌候補をハナデンシャの進む先に置いて反応を

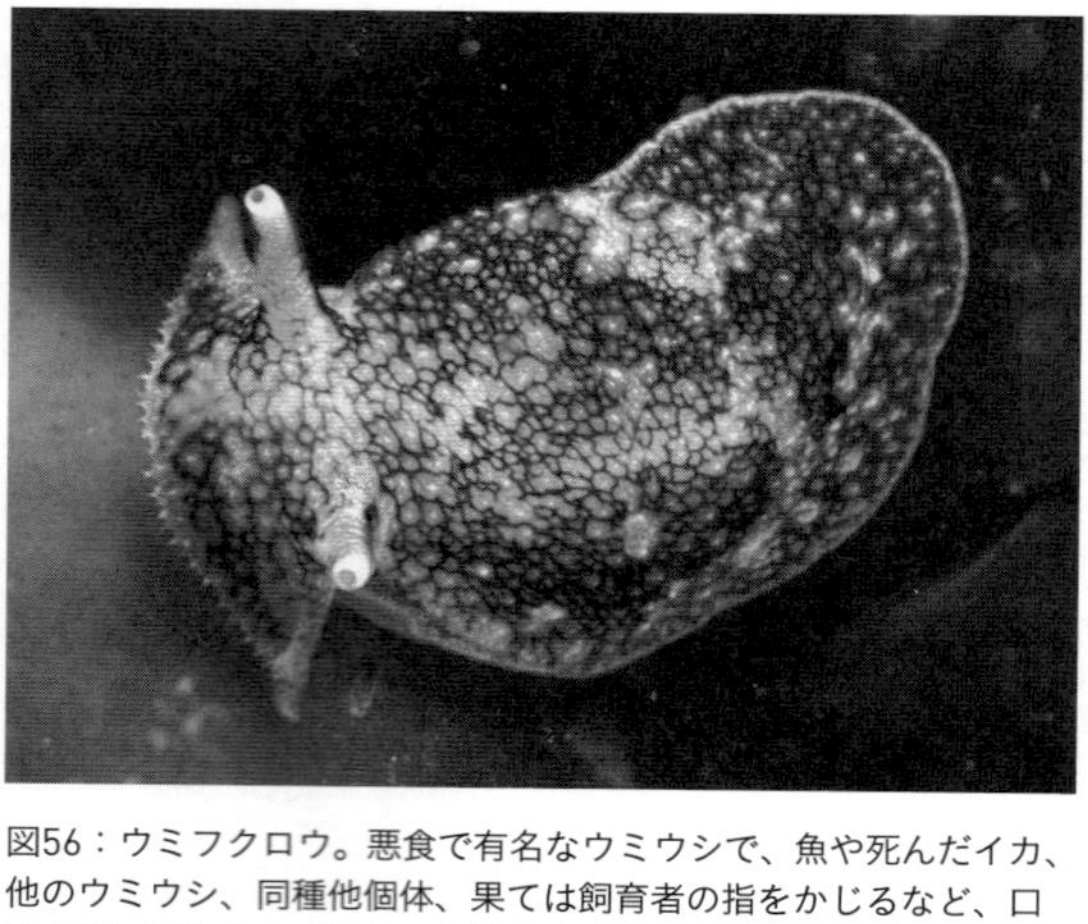

図56：ウミフクロウ。悪食で有名なウミウシで、魚や死んだイカ、他のウミウシ、同種他個体、果ては飼育者の指をかじるなど、口幕突起に触れるものは何でも捕食する（写真提供＝平野雅士）

観察します。しかしハナデンシャは通常のウミウシと異なり、這うのが速い！　しかもどちらに進むか予想がつかない。まるでお掃除ロボットルンバです。

科学実験において重視されるべきは再現性（同じ実験を再現して同じ結果が得られること）と定量化（「ここらへん」「なんとなく」「すごい」「たくさん」などの雰囲気用語を用いずに、データをすべて数値で示すこと）です。しかしウミウシ、それもハナデンシャは実験個体数を稼げる動物ではないので、定量化は難しいかもしれない。ならば再現性だけでも確保したい。けれど、たとえ再現可能と思われる実験でも、野外実験は今日失敗したらまた明日やればいい、と暢気に構えていられません。海況やハナデンシャの体調次第では、明日はもう実験できないかもしれないのです。私は思いきり気合いを入れて、もてる限りのダイビングスキルを駆使し、海底を激走かつ迷走するハナデンシャの先回りをしてやつの鼻先というか頭部の先に餌生物候補を置き、ハナデンシャの反応を観察して撮影してメモをとりました。

ハナデンシャはコケムシを無視（そこに何もないかのように上を通り過ぎる）しました。藻類も無視。5㎝ほどあるナマコの幼体は無視せず、頭部の前縁に並んだ突起で、もぞもぞもぞもぞ、と触りました（図55C）。ナマコはクモヒトデと同じ棘皮動物の仲間です。共通の匂い物質をもつのかもしれません。が、しかし最終的にハナデンシャはナマコの子供を食べることはしませんでした。そしてラスボスのクモヒトデを与えてみると。

まるで日本そばをすする江戸っ子のように、ハナデンシャはクモヒトデの腕をつるっと吸い込んだのです（図55D）。実験個体を変えてみても結果は同じでした。

そこで次はクモヒトデ類の中に好き嫌いがあるかどうかを試してみました。腕が細くてちぎれやすいナガトゲクモヒトデを与えたところ、硬い盤（中央の円盤部分）まで一気食いしました。腕の硬いニホンクモヒトデはなかなか飲み込むことができません。それでも最終的には盤以外、腕を全部飲み込みました。この他に砂潜り行動や夜間の発光など、ハナデンシャを材料に思いつく限りの実験と観察を行いました。この数日の実験と観察の結果をまとめて、私は短報（短い論文）を1本書くことができました。

その後の調査、および千葉県立中央博物館の奥野淳兒先生からご提供いただいた標本と情報、吉田隆太くんの台湾海域での生物調査、各地の水族館からいただいた情報などを総合すると、ハナデンシャは水深50m前後の定置網にかかることが多く、台風の後などに港内に漂っていたり海岸に打ち上がったりすることが多いようです。また長崎ペンギン水族館の全面的なご協力を得て水槽実験をしたところ、餌のクモヒトデ（を冷凍したもの）を水槽に入れると、ハナデンシャはそれまで繰り返していた浮沈をやめて水底に降り立ち、冷凍クモヒトデを置いた方向に這い進みました。ハナデンシャの入る定置網の設置された深めの砂地にはクモヒトデ類が高密度で棲息していることが知られています。これらのことから、ハナデンシャはふだん人間が見ることのできない深めの海底付近で浮沈を繰り返したり砂地に潜ったり（いずれも捕食者回避行動だと思われます）しながら、海底に降りてはクモヒトデを食べて生きているのではないかと考えられます。

弱い水流を発生させた水槽での実験では、ハナデンシャは餌に向かって水槽の底を這うことはできても、水流に逆らって泳いで餌に向かうことはできないことが明らかになりました。台風の後などに複数のハナデンシャが海岸や港に打ち上がるのは、強い風と波に押し流された結果と思われます。分布域が非常に広い（図57）のも、浮遊中はなすすべもなく海流に流される結果なのでしょう。浮遊幼生時代[※4]に分布域を広げたと考えられるウミウシはいろいろといますが、大人になっても浮くことで分布域を広げることのできそうなウミウシはハナデンシャだけかもしれません。しかしひとたび海底に降り立つと、ハナデンシャは人が変わった、ではなくウミウシが変わったような迅速な動きを見せてクモヒトデをつかまえ一気食いする……。食性といい行動といい、ハナデンシャは他に類を見ないユニークなウミウシであることが、このようにしてわかったのです。

ハナデンシャとの邂逅から1年後、明鐘岬での実験結果を報告するためタイのプーケットで開催された国際学会に参加。その会場で動物行動学の日本における第一人者である日本大学の中嶋康裕先生と、嚢舌類の生態を研究しておられる奈良女子大学の遊佐陽一先生と知り合いました。帰国してからは中嶋先生や遊佐先生のお弟子さんたちと採集に出かけたり勉強会に参加させてもらったりして、ウミウシの動物行動学的・生態学的な基礎知識から最新の知見までを幅広く学ばせていただきました。分類学ではなく動物行動学で博士号を取得したのは両先生のおかげですし、両先生には大学院修了後に設立したＮＰＯの理事にご就任

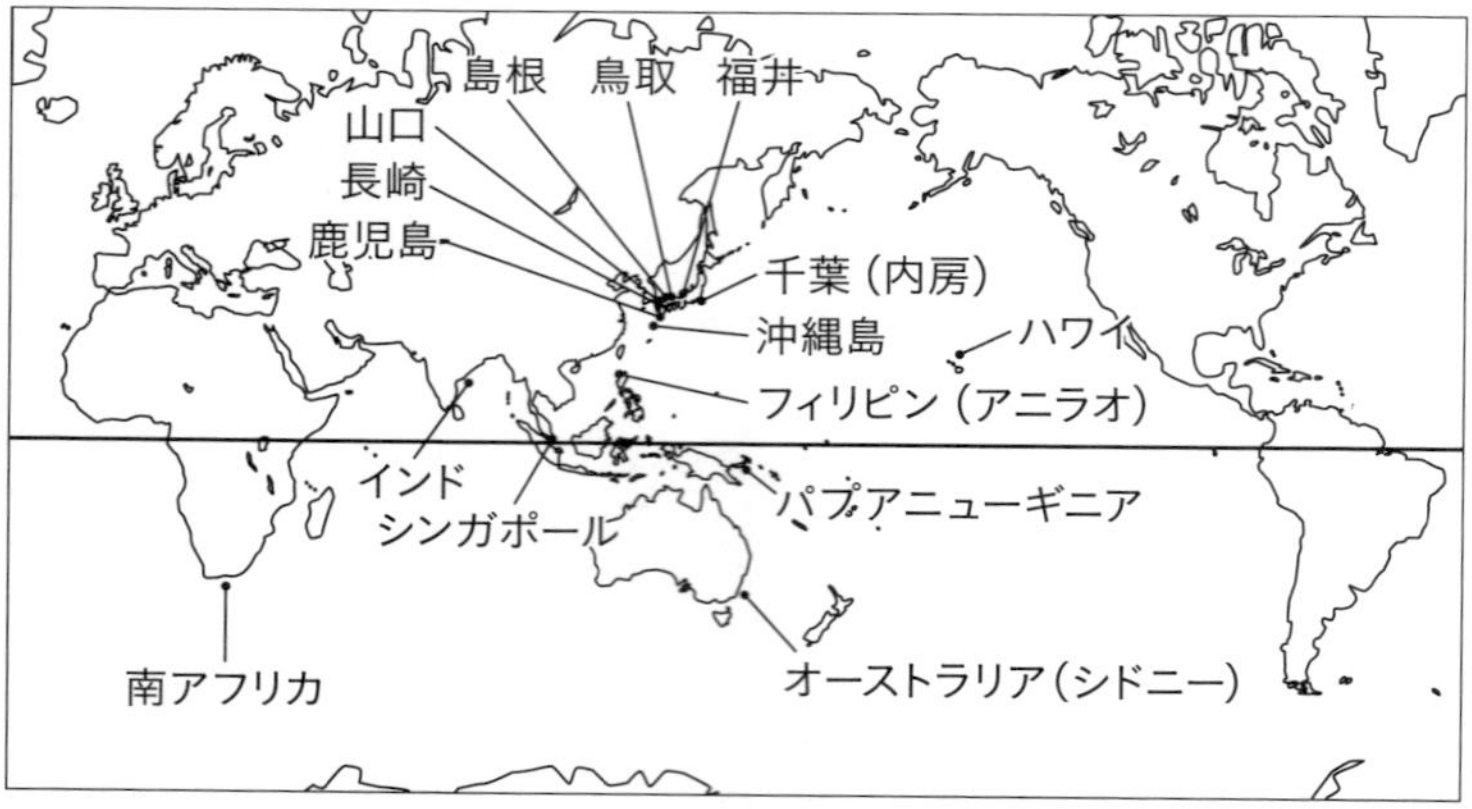

図57：ハナデンシャの分布域。〈The Sea Slug Forum〉および各地の知人より寄せられた情報をまとめた

いただきました。中嶋先生と遊佐先生との今につながるご縁が得られたのは、もとをたどればＤ１の夏にハナデンシャと出会ったからです。よく「好きなウミウシは何ですか」と聞かれ、そのたびに「今論文を書いているウミウシです」と答えるようにしているのですが、私が最も特別な感情を抱いているのはハナデンシャかもしれません。

［※1］分類学：その生物（ここではウミウシ）を共通する特徴によって分類し、体系的にまとめる学問。
［※2］ペレットが何なのかを調べる方法：胃内容物の炭素・窒素安定同位体比解析による食性解析方法がある。
［※3］ベントス：海底に生息する動物。中層を漂う生物をプランクトン、中層を潮に逆らって泳ぐことができる生物をネクトン、海表面で生活する生物をニューストンという。
［※4］浮遊幼生時代に分布域を広げたと考えられるウミウシ：クロコソデウミウシやミノウミウシのクトナ・ペルカなどはタンカーのバラスト水の中に棲息していた幼生が船の行く先々で船から放出され、その先々にある動物を餌にして、結果として世界中に分布先を広げてきたと考えられている。このような種のことを移入種または外来種という。

ベジタリアンなウミウシたち

代表格は嚢舌類《のうぜつるい》

前節で遊佐先生にご登場いただいたので、ここで遊佐先生のご専門である嚢舌類《のうぜつるい》を改めてご紹介します。その大きな特徴は藻類を餌にするベジタリアン[※1]であるということ。といっても藻類は海藻の緑藻《りょくそう》・紅藻《こうそう》・褐藻《かっそう》のことで、陸上のいわゆる「植物」とは分けて考える必要がありますが。

嚢舌類の多くは緑藻を餌にします。緑藻とは文字通り緑色をした藻類で、ミルやアオサなどがよく知られています。この他にもカサノリ、ジュズモ、サボテングサ、ハネモ、キッコウグサなど多種多様な緑藻を嚢舌類は餌にしています(図58)。

藻類は陸上の植物と同様、ひとつひとつの細胞を細胞壁で仕切り、体を支えています。自分の意志で捕食者から逃れられない代わりに、ポリフェノールのような苦みのある化合物を含んだりすることで捕食者に食べられない工夫をしています。しかし嚢舌類ウミウシたちは藻類の細胞壁にナイフのようなかたちをした歯（図59Ａ）で穴を開け、中にある苦味いっぱい（でも栄養いっぱい）の細胞内物質、まさに青汁を飲んでしまいます。ちょっと昔の青汁のCMに「まずーい！　もう1杯！」というフレーズがありましたが、嚢舌類は大昔からあれを地で行っているわけです。

このナイフは使いこんでなまくらになると役目を終えて、その下にある切れ味鋭い新しい歯がとって代わります。使用済みのナイフは舌嚢《ぜつのう》という袋に収納されます。嚢舌類という名前はそこからきています。

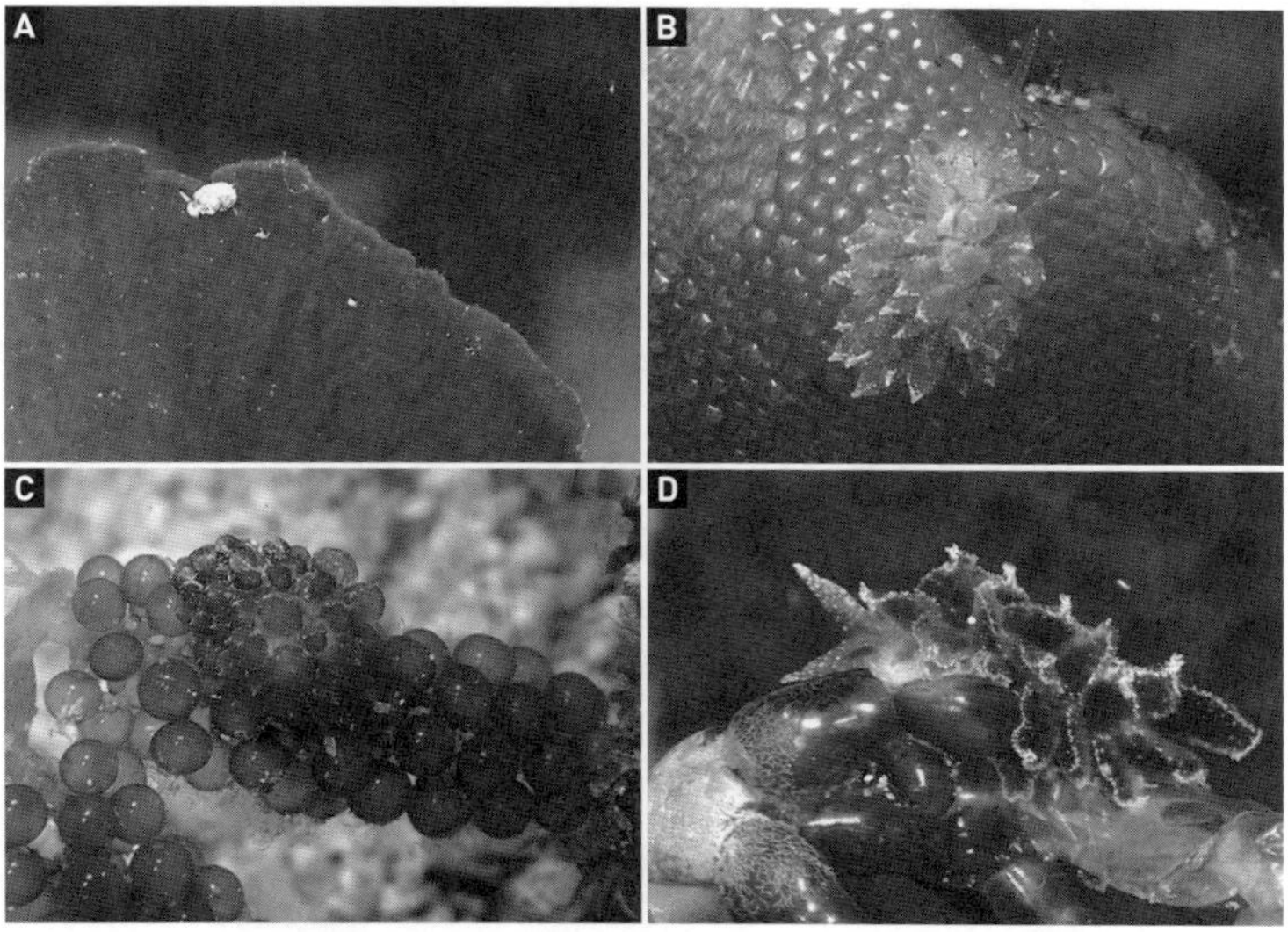

図58：さまざまな藻類と、藻類を餌にするウミウシ。A. コテングノハウチワなどにつくテングモウミウシ　B. キッコウグサにつく*Eecolania* cf. *coerulea*　C.イワヅタ類につくタマミルウミウシ　D. タマゴバロニアにつくタマナウミウシ属の一種*mourgona* sp.

草の庵に隠れ住む

藻類の中でも一風変わった風貌をもつのがバロニアです（図60）。バロニアは球状をした単細胞の緑藻で、指でつまんで押しても簡単には潰れないくらい硬く、真珠色の光沢を放つことから、カリブ海では「緑の真珠」などと呼ばれているそう。ところがこの硬い細胞壁にアイスクリームディッシャーのようなかたちの歯（図59B）で丸い穴を開け、バロニアの内側つまり細胞内に入って中身（葉緑体や核など細胞内小器官）を食べて暮らすウミウシがいます（口絵7図1・2）。この一風変わった食性は藻体内食《そうたいないしょく》とか内植食性《ないしょくしょくせい》と呼ばれています。

バロニアは藻体内食性ウミウシに細胞の中身を食い尽くされると、緑色も真珠色の光沢も失われてスカスカになり、張りのあった細胞壁もクシャクシャになります。

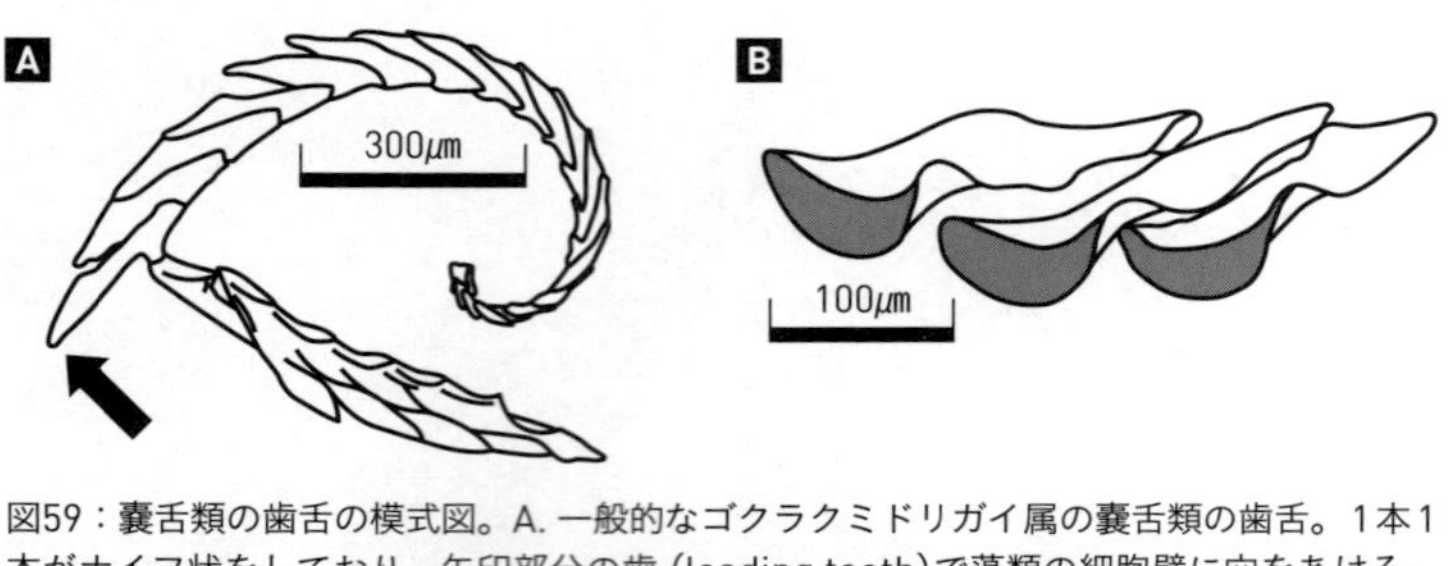

図59：嚢舌類の歯舌の模式図。A. 一般的なゴクラクミドリガイ属の嚢舌類の歯舌。1本1本がナイフ状をしており、矢印部分の歯（leading tooth）で藻類の細胞壁に穴をあける。スケールバーは300μm。Krug et al.（2016）をもとに作成　B. 藻体内食性の嚢舌類の歯舌（部分）。先端（灰色で示した箇所）はアイスクリームディッシャー状で、バロニア類に丸く穴をあけることができる。スケールバーは100μm。Hirano et al.（2008）をもとに作成

するると藻体内食ウミウシはバロニアの外に這い出てきて、次のバロニアに住まいを移します。餌を住処にするウミウシは少なくありませんが、草の庵といえど立派な「外壁」のある家に住み、かつ引っ越しまでするのは今のところこのグループのウミウシだけのようです。

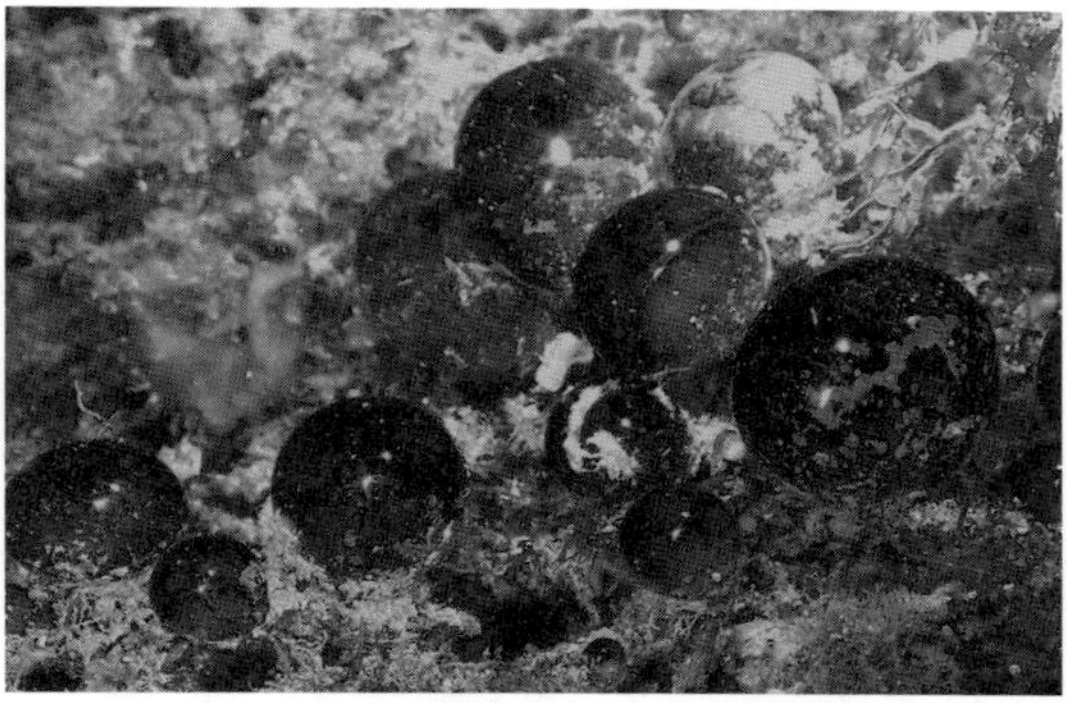

図60：バロニアの一種、オオバロニア。直径は１cm程度。個々の細胞が独立した状態で存在する

乾燥ワカメで飼えるウミウシ

藻食といえば嚢舌類、という感じで延々と書いてきましたが、アメフラシの仲間と一部の頭楯類も藻食です。アメフラシの仲間は緑藻の他に紅藻・褐藻とシアノバクテリアも餌にします。紅藻を餌にするのはサガミアメフラシ、クロヘリアメフラシ（↓85ページ図22）とジャノメアメフラシ（図61A）。褐藻を餌にする代表はアメフラシ（図61B）とアマクサアメフラシですが、アメフラシは幼少のみぎりは柔らかい紅藻を食べるようです。ちなみにアメフラシとアマクサア

メフラシは乾燥ワカメで飼育することができます。大きくて、（春限定ですが）やたらいるためか、いても「ふーん」くらいしか思われないアメフラシですが、モデル生物[※2]として動物の研究にはたいへん貢献しています。食べ方によっては美味しいですしね（↓128ページ「ウミウシを食べてみた」）、もっと愛されてもよいのではないかとよく思います。

シアノバクテリアを餌にするのはフレリトゲアメフラシ（トゲアメフラシと呼ばれることもあります）（図61C）とクロスジアメフラシ（図61D）。ところでシアノバクテリアは長い間ラン藻

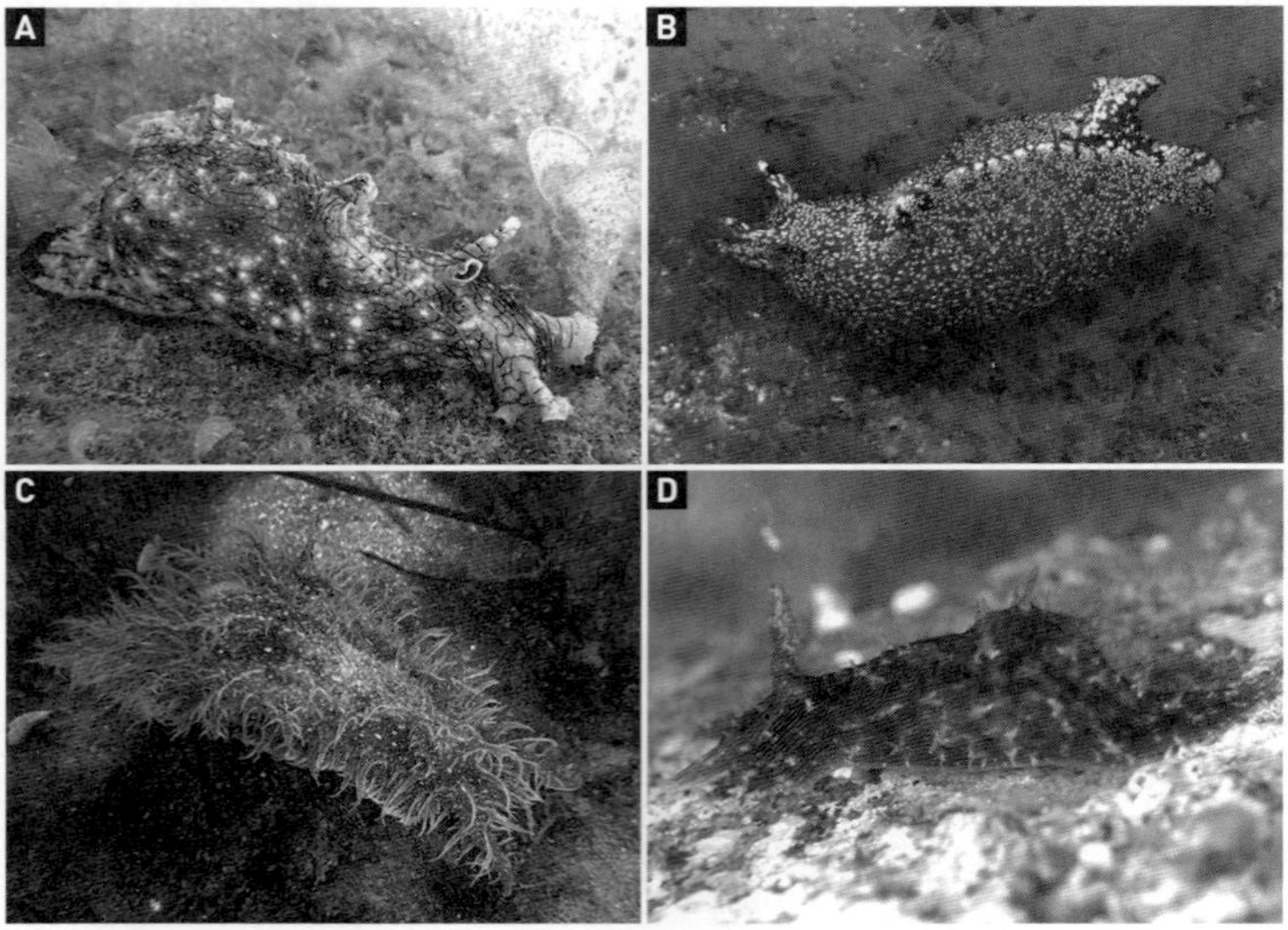

図61：アメフラシ4種。A. ジャノメアメフラシ　B. アメフラシ　C. フレリトゲアメフラシ（写真提供＝潮野理沙）　D. クロスジアメフラシ（写真提供＝松田早代子）

（藍藻）、英語でBlue-green algaeと呼ばれてきました。しかし、やや専門的になりますが、シアノバクテリアは原核生物[※3]で、真核生物[※4]である藻類とはまったく別の生物なのです。クロスジアメフラシ（図61D）はなんかモシャモシャした青緑色の海藻っぽいもの[※5]に時として群がっていたりするので、そのモシャモシャがシアノバクテリアと思って間違いではないと思います。しかし、クロスジアメフラシは必ずしもモシャモシャしたものについているわけではなく、神出鬼没な感じはあります。

[※1]ベジタリアンなウミウシ：食性はその動物が本来もって生まれた性質で、主義主張や信念で餌を決めているわけではないので、嚢舌類＝ベジタリアン（菜食主義者）という言い方は本来的には不正確。

[※2]モデル生物：生物学において普遍的な生命現象の研究に用いられる生物のこと。実験環境で飼育・繁殖や観察がしやすいこと、世代交代がはやいことなどがモデル生物に選ばれる基準になる。代表的なモデル生物はショウジョウバエ、センチュウ、マウス、メダカなど。

[※3]原核生物：細胞の中に核がない生物。核酸は細胞中にむき出しの状態で存在している。

[※4]真核生物：身体を構成する細胞の中に核と呼ばれる細胞小器官を有する生物。核酸（DNAとRNA）は核の中にある。

[※5]海藻っぽいもの：サヤユレモ属のシアノバクテリアの一種ではないかと思われる。

あなたの後をついていきます

夜になると這い出てきては

ハナデンシャ祭りが一段落したD1の冬、神田優くんに招待されて高知に行き、その際に高知の西端にある公益財団法人黒潮生物研究所（以下、黒潮研と表記）を訪ねました（詳細は次章）。その翌年から黒潮研の建物の前に広がるスルギ浜でのウミウシ相調査を行いました。2年にわたる調査の結果は和文論文にまとめて報告したのですが（中野2011、2012）、その際に研究所職員のとった過去の調査データも掲載することになりました。そこで当時は研究所の主任研究員だった（現在は所長の）目﨑拓真博士と過去データを見ながら話をしたところ、目﨑博士が「ナイトダイビングするとクモガタウミウシが2匹連なって海底をうろうろしてるのをよく見るんですよ。あれは何をやってるんでしょうね？」（口絵7図1）。

クモガタウミウシの仲間は派手なB面をもつ（↓78ページ「ウミウシのB面」）ことが知られていますが、日中は海底の岩の隙間や凹み、落ちている石の裏側など、隠れたい本能に基づく行動（隠蔽的生活）をとっているためになかなか目にすることができません。が、この属のウミウシたち、夜になると岩陰に隠れるのをやめて、なぜか堂々と海底に姿を現すのです。昼間は寝ていて夜になると飲みに出かける、まるで我が大学生時代のようです。しかもそれだけではなくて、2匹連なって海底を這いまわる（口絵7図1）。

この「2個体以上のウミウシが体の一部を触れ合わせたまま前後に連なって這い回る」という、なんだか意味深な行動を、専門用語で「Tailing behavior」、または「tail-gating」「queueing」と呼びます。用語の統一がなされていないのは、さまざまな研究者がそれぞれ好き勝手に呼んだから。日本ではダイバーの間で「電車ごっこ」と言われたりしますが、なぜか専門用語がなかったので、その調査報告書にて「後追《あとお》い行動」と命名しました。最初は「電車ごっこ行動」と名付けようかと思ったのですが、えらい先生がたに「そんなふざけた名前をつけたらイカンじゃろ」とお叱りを受けるかも……と思ってやめました。その後中嶋康裕先生がご著書の中で「追尾行動」と名付けられました。こっちのほうが専門用語っぽいですね。専門用語や和名は学名と違って先取権があるわけではないので、話をしている相手と共通認識が得られる呼び方をすればいいんじゃないかと思います。

で、後追い行動（笑）ですが、クモガタウミウシ属の他にマダライロウミウシ属のウミウシ

（図62）、ゲンノウツバメガイ、ミガキブドウガイ、アオモウミウシ（口絵7図2）、アオフチオトメウミウシ、エムラミノウミウシ属の種などがこの行動をとります。クモガタウミウシの仲間は夜しか後追い行動をとらないようですが、マダライロウミウシなどは白昼堂々と後追い行動をとります。

図62：後追い行動をとるマダライロウミウシ

なぜ後をついてくるの

ではこの「後追い行動」（私もしつこいな笑）、いったい何のために行っているのでしょう?

ウミウシはナメクジの親戚で（↓13ページ「ところでウミウシってなに」）、ナメクジと同様に這い跡に粘液を残します。ウミウシはこの粘液に含まれる化学物質を追跡して同種＝配偶者を追いかけます。そして追いかける個体が前を行く個体に追いつくと、追いつかれた個体は回れ右をして交尾を行います（↓１０４ページ「常にオスでありメスでもある」）。そのため後追い行動は交尾を促す行動ではないかと考えられてきました。しかし後追い行動をした個体どうしが必ず交尾するわけではありません。私はかつて沖縄本島の海底の、それも砂地のど真ん中を、前後に連なったまま10ｍ近くも這い進んだマダライロウミウシを見たことがあります。もし「交尾したい」「子供を作ろう」という思いのもとに連なっているのなら、どうしてさっさとやることをやってしまわないのか？　隠れもせずにそんなところでいちゃこらしている間に魚に襲われたらどうするんだ！　と、かなりハラハラしつつ観察したのですが、マダライロウミウシは私の心配などどこ吹く風で連なったまま延々と這い進み、やがて砂地の彼方に去っていきました……。この時以外にも後追い行動中のマダライロウミウシを何度も目撃していますが、交尾しているところを目撃したことはありません。ここから考えられるのは、追いかけるほうの個体は、今交尾したいかどうかはさておき、同種他個体をひとまず占有しておきたいのではないか、ということ。後追い行動についてはまだ不明な点が多いのですが、もし今もう一度琉球大学に戻れるのなら、マダライロウミウシの後追い行動について研究したいと思います。沖縄ではマダライロウミウシは比較的普通に見られますし私なりの仮説も立ててありますし実験方法も考えてあります。マダライロウミウシの摩訶不思議な行動の謎、誰か私と一緒に解明しませんか。

自切するウミウシたち 1

ウミウシの尻尾切り？

後追い行動はウミウシのとる珍妙行動のひとつですが、もうひとつご紹介すべき珍妙な行動があります。それは自切。自分の意思で自分の体の一部を切り落とす行動のことです。

自切といえば、なにはなくともトカゲの尻尾切り。危険な目に遭ったトカゲが自分の尾を自切し、切り落とされた後もぴくぴくと動く尾に敵（捕食者）が気を取られている隙に、トカゲ本体は岩などの隙間に逃げおおせる、というやつです。人間社会でも、汚職や暗殺などの事件が起こった際に下っ端が責任を取らされて辞職や自首させられ、真犯人（社長とか政府高官とかヤクザの親分とか、要するにそんな立場の人）は罪から逃れてのうのうとしている、という場合もトカゲの尻尾切りと言います。ヒトの場合「尻尾切り」はたとえ話でしかありません。しかしトカゲはたとえではなく、まさに自分の体の一部を犠牲にすることで本体を守ります。尻尾を再生するにはコストがかかりますが、それでも本体が死ぬことに比べれば安いものです。

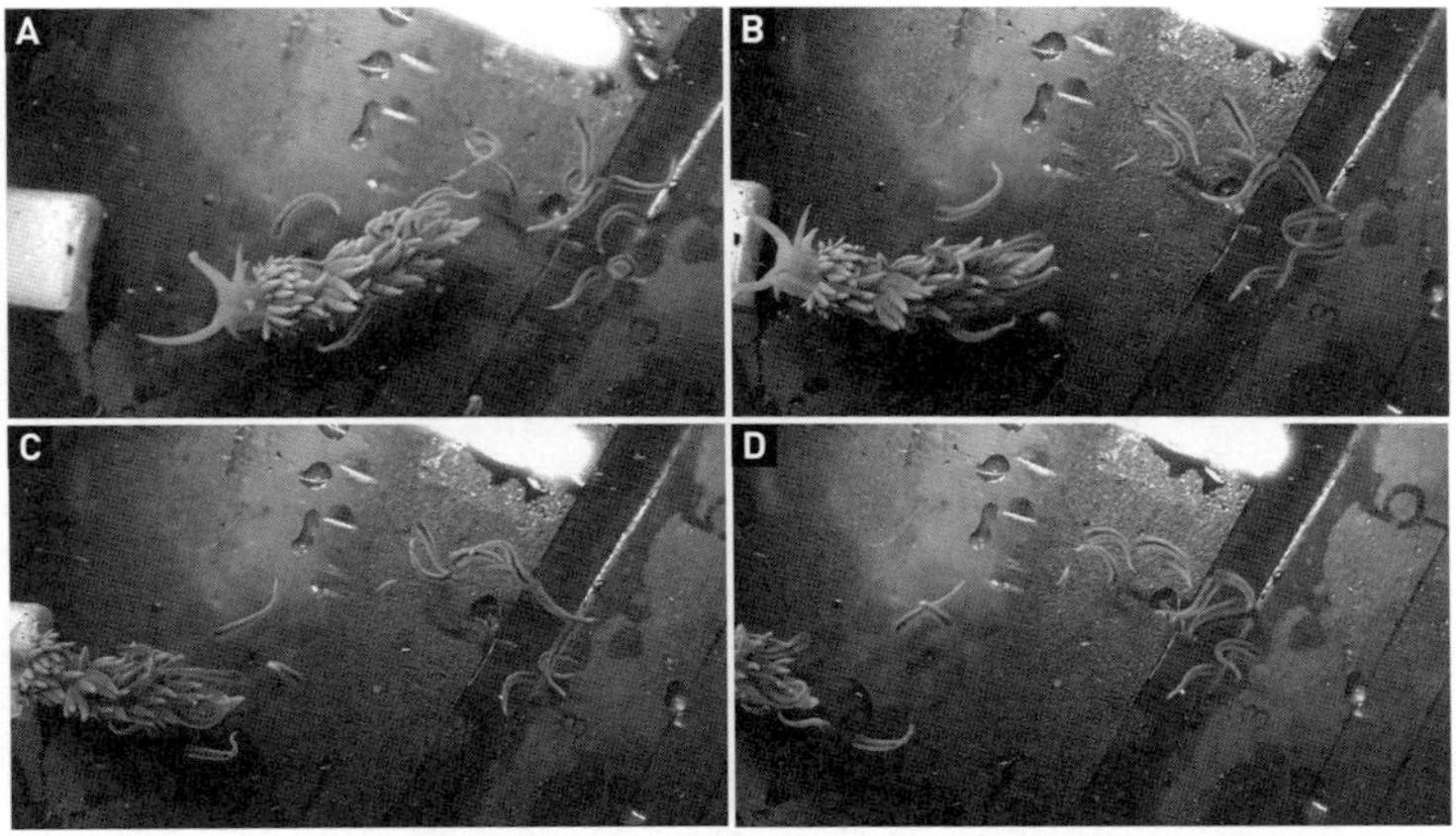

図63：ミノウミウシのミノ自切シーン。A. 刺激を与えるとミノ突起がぽろぽろと取れる　B. 取れたミノはその場でうごめいている　C. うごめくミノに捕食者が気を取られているうちに、本体はその場から逃げる　D. 自切から約30秒で本体は観察者の視界から消えた

自切する海洋生物ではタコが有名ですが、棘皮動物のウミシダも自切します。琉球大学の先輩の小渕正美博士によると、ウミシダは自切しやすいように腕（シダのように見える部分）の根元に切り取り線があるそうです。

ウミウシも自切に関してはなかなかの巧者です。最も有名なのはミノウミウシのミノの自切。ミノウミウシにストレスを与えるとミノを自切し、切れて落ちたミノは1分ほどその場でうごめいています。その動き方はまるでセンチュウのようで、ストレスを与えた側＝魚がセンチュウめいた動きをするミノ突起に気を取られている隙に、ミノウミウシ本体は急いでその場から離れて難を逃れます。これぞ水中版トカゲの尻尾切り（図63）。

ミノウミウシの他にも、自切するウミウシはいろいろといます。フシエラガイの一種であるチギレフシエラガイ（口絵3図3）や前述のクモガタウミウシ類は外套膜を自切します。嚢舌類ではナギサノツユが尾を自切します。チギレフシエラガイやナギサノツユは自切した箇所から白っぽい粘液を分泌します。ダイビング中にそれを触った手（グローブ）をエキジット後に嗅いでみると、酸っぱいようなイヤな匂いがしました。そんなにいじめたつもりはなかったのですが……。自切後の組織から分泌される、この白い粘液には忌避物質が含まれており、これは自切後の本体のほうに敵を寄せ付けないための工夫と考えられます。

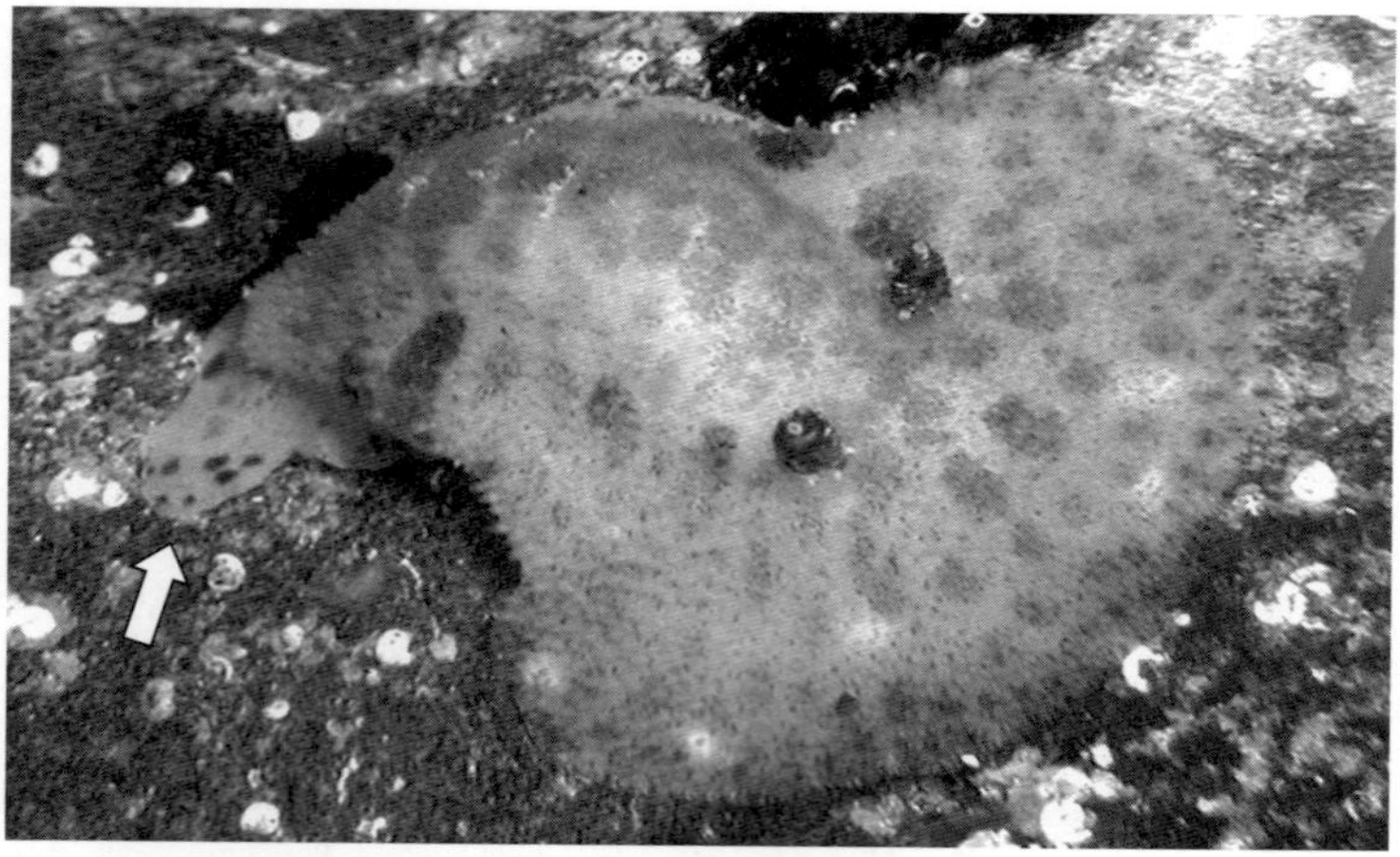

図64：大瀬崎で観察した体長3㎝ほどのツヅレウミウシの自切個体。転石の裏に隠れていたところを発見。最初は「変わった形のウミウシだな」と思った。ふだんは外套膜におおわれて上からは見えない尾部(矢印)がよく見える

大瀬崎でダイビングしていた時に、外套膜の後ろ半分が欠けたまま這い進んでいるツヅレウミウシ科の個体を見たことがあります（図64）。こんなに欠けて、よく生きているよなあ、と感心したものでした。このグループのウミウシは「内臓さえ守れたら、外套膜はとりあえずなくてもいいや」とばかりに、外套膜を大規模に切り落としてしまうみたいですね。欠けるのは外套膜の後ろ半分で、口のある体の前半部は自切しないようです。

大事なほうを捨ててしまう

２０２１年3月上旬、ネット上の話題を独占したのは、奈良女子大学の三藤清香さん（当時大学院生）と遊佐陽一先生が発表したコノハミドリガイ（口絵4図3）の前代未聞の大規模な自切です。どのくらい大規模かというと、なんと心嚢域（心臓のあるあたり）を含めた体の約80％を切り捨ててしまうというのです。前節でご紹介したように、他のウミウシ類では切り落とすのは体の末端、心臓など大事なところはキープしていました。しかしコノハミドリガイは本末転倒的に本体を切り落とし、頭だけになった体（ややこしいですね）から本体を再生させました（図65）。

この自切界の常識を覆した大発見ですが、三藤さんによると研究室で偶然に発見した由。研究室でコノハミドリガイの完全飼育（卵から次世代の産卵まで飼育する）と、継代飼育（↓226ページ「ウミウシの寿命」）を行った際にたまたま頭と体に分離した個体を見つけたのがすべての始まりだったそうです。水槽内には鋭いものや尖ったものはなかったので事故で切れてしまったとは考えにくく、もちろん人間が切断したわけでもなく、コノハミドリガイが自分で切断した、つまり「自切」としか考えられない……でも、そんなことってありうるの？

混乱する三藤さんを尻目に頭だけになったコノハは元気で、たまにバランスを崩してひっくり返りながらも活発に動き回り、胃や消化管の大部分が失われているように見えるのに餌まで食べ始めました。

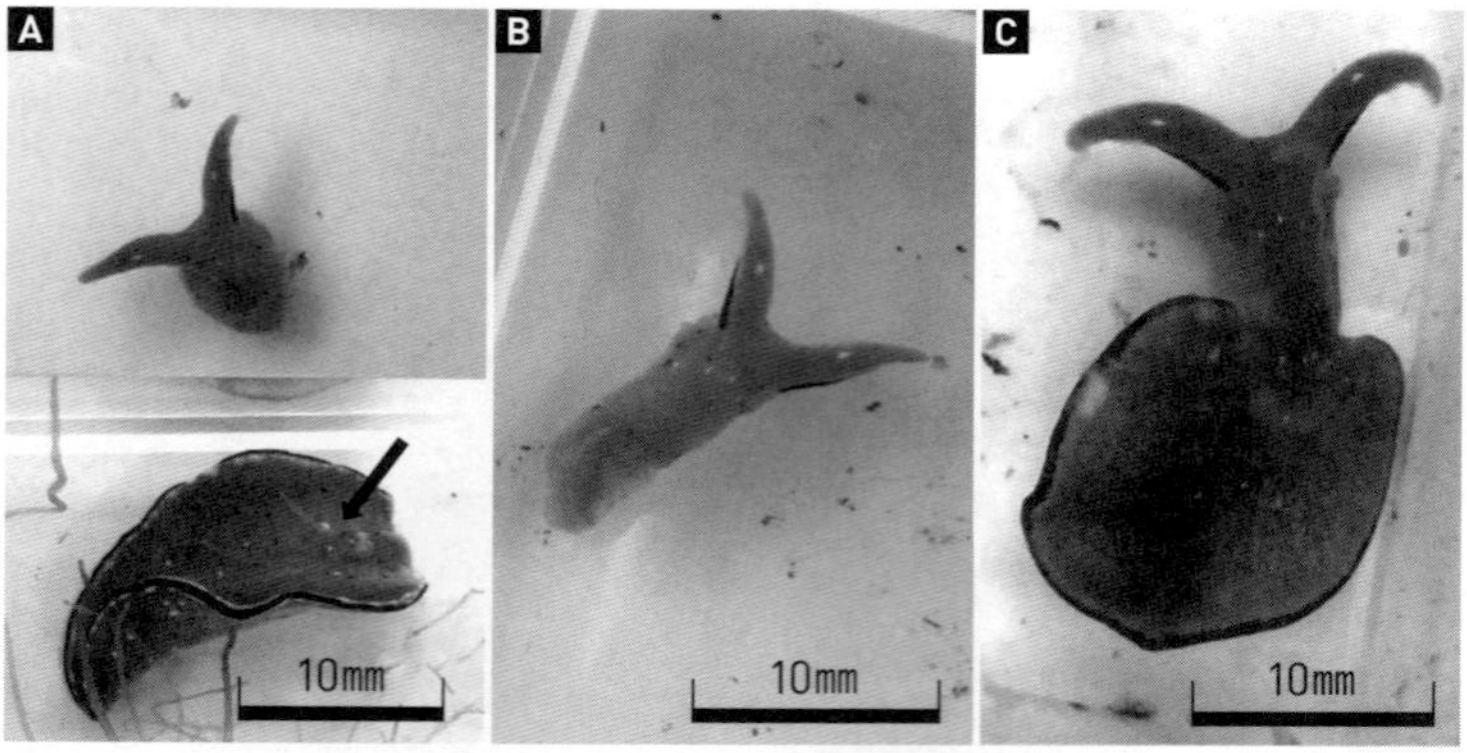

図65：コノハミドリガイの自切と再生の様子。A. 自切直後（矢印は心臓を指す） B. 自切から7日目 C. 自切から22日目（写真提供＝三藤清香）

そして1週間たつかたたないかの間に心臓が再生し、それとほぼ同時に側足も再生し、その後も本体がどんどん伸びて、約3週間でほぼ完全な体を取り戻しました（図65C）。一方、切り離された体は、多くの個体で動きは少ないものの心臓の拍動が続き、1ヶ月以上も形を保ったまま残っていました。しかしいずれも頭を再生させることはなく、最後には溶けてしまいました。

コノハミドリガイはいったいどのくらいの時間をかけて、どのようなプロセスを経て自切するのか。この問題を解決すべく遊佐先生が三藤さんに提案したのが、自切誘導のためのコノハ首絞め実験です。

嚢舌類を裏返してよく見ると、頭と体の境目の首元に溝があり、自切を観察した個体はいずれもこの溝で首切れているようでした。この自切面と思われる溝を細い糸で絞める操作をコノハミドリガイ6個体に行ったところ、次第に糸の周囲の細胞が溶け始め、糸がずれた1個体を除く5個体が20時間ほどで自切を完了し、糸がずれた個体も9日ほどで溝のところで自切しました。コノハミドリガイにも切り取り線があったのですね！

となると、次に気になるのは、なぜ大事なほうを捨ててしまうのか。

大規模自切はクロミドリガイ（口絵6図3）でも確認されました。クロミドリガイの体内にはコペポーダ（通称コペ）と呼ばれる甲殻類の一種がいることがありますが、クロミドリガイの自切個体はすべてコペに寄生されており、自切後に切り離された体部分にコペが残っていました。つまり、少なくともクロミドリガイは、コペを排除するために自切するのではないかと三藤・遊佐チームは考えているそうです。

ではこの大規模な自切・再生、どのようなメカニズムで起こり得たのでしょう。これについては嚢舌類のもつ光合成能（↓222ページ「盗人稼業」）が関係していると三藤・遊佐チームは推測しています。頭部だけになっても光さえあればエネルギーを獲得できて酸素も得られる。だから心臓がなくても当面は生存できて、再生も可能になるのではないか。という仮説です。仮にそうだとしても、解明すべき謎は山積しています。内臓の再生はどのように進むのか？　盗葉緑体はどの程度再生に必要か？　他にこの現象を示す種はいないか？

博士号を取得して大学院を修了した三藤さんは今後、生態的意義とメカニズムの両方の視点から、この現象の解明を進めていくそうです。

白状すると私も大学院生時代、研究室で水槽飼育していたフチドリミドリガイが、キクゾノウミウシに捕食されて頭だけになってしまったままで数日間生きていた（図66）のを目撃していました。頭だけのフチドリミドリガイが水槽のガラス面を這い登っていたのを見つけた時、私はめちゃくちゃびっくりして廣瀬先生に即報告して指示を仰ぎました。しかし廣瀬先生は「そっちに興味の幅を広げたらキヌハダウミウシ類で論文が書かれへんようになるで」。

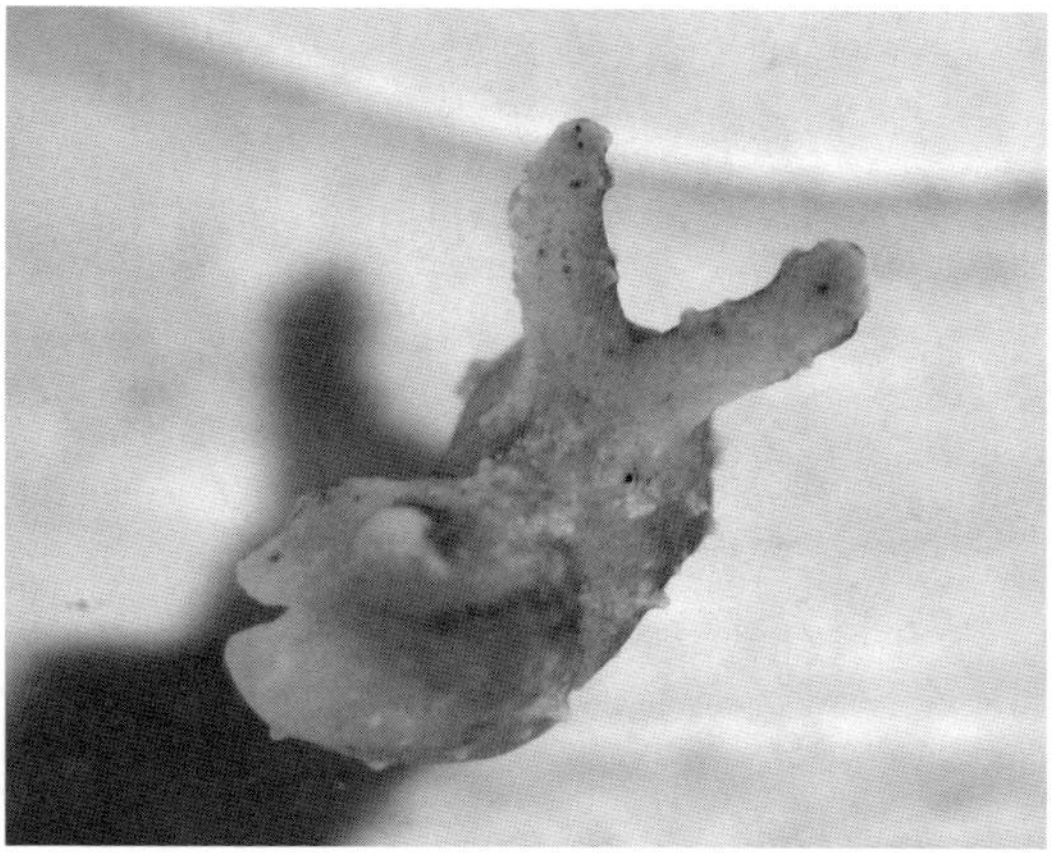

図66：頭部だけになった状態で水槽を這っていたフチドリミドリガイ

大規模自切の論文を投稿する前の遊佐先生から「ゴクラクミドリガイ類のこんな自切を観察したことある？」と質問されたのですが、あの時の「あれは自切だったんだ！」という納得と「もっとちゃんと観察しとけばよかった」という後悔がないまぜになった気持ちは忘れられません。もしあの後、頭だけになったフチドリミドリガイをキヌハダウミウシ類と同じくらい丁寧に飼育していたなら、頭だけフチドリミドリガイはやがて体を再生させていたかもしれませんし、私は三藤・遊佐チームよりも先にこの現象に気づいていたかもしれません。飼育して初めて見えてくることは多々ありますが、コノハミドリガイの大規模自切と再生は、三藤さんによる丁寧な飼育と観察、遊佐先生による適切な指導があったからこそ発見しえた現象だと思います。

自切するウミウシたち 2

交尾後にペニスを自切する

自分の身を守るためではなく、まったく別の理由から体の一部分を自切するウミウシもいます。その部分とは、見出しに掲げたくらいなので勿体ぶる必要はないのですが、なんとペニスです。

ウミウシはほぼ全種が同時性の雌雄同体ですが、自家受精（自分の精子を自分の卵にかけること）はせずに、別個体と交尾して精子の交換をします。しかし海はあまりにも広く、ウミウシはあまりにも小さい。動きのにぶいウミウシの成体どうしが海底で出会えるチャンスはどのくらいあるのでしょう。そこで、出会えたら必ず交尾して精子が交換できるように……というのが、ウミウシが同時性雌雄同体に進化した理由の最有力仮説です。しかし、本当にそうだろうか？　と思わずにいられなくなるのが、当時大阪市立大学の院生だった関澤彩眞博士と日本大学の中嶋康裕先生らによるチリメンウミウシ（口絵1図3）のペニスの研究です。

関澤・中嶋チームの研究によると、チリメンウミウシはペニスが他のウミウシのペニスに比べて細長く（図67A）、交尾を終えるたびに使い終わったペニスを自切し、その後24時間は別個体と出会っても交尾できない（正確には、相手の精子は受け取れても自分の精子は相手に渡せない）状態になります。

生きるためにさほど大事な部品ではなかったり、歯のような消耗品（→192ページ「ベジタリアンなウミウシたち」）なら自切したり使い捨てにしたりするのは理解できます。しかしペニスは子孫を残すための超大事な部品で、しかも1個体に1本きり。にもかかわらず、チリメンウミウシは使い終わったペニスを毎回わざわざちょん切る？　かつ、その後24時間は別個体と出会っても自分の精子を与えられない？　いったいどういうことでしょう。ウミウシの短い繁殖期の貴重な時間を無駄にすることになるのですから、それを補って余りある理由があるに違いありません。

そこで関澤・中嶋チームがまず注目したのは、体内に格納されたチリメンウミウシのペニスの構造。最後の交尾から少なくとも24時間経過したチリメンウミウシのペニスにはコイル構造（図68A）があった一方、交尾直後のチリメンウミウシのペニスにはコイル構造がありませんでした。コイル構造を含むペニス全体の長さの平均と、ちょん切れたペニスの長さの平均に基づいて算出すると、チリメンウミウシのペニスは少なくとも3回交尾するのに十分な長さがありました。このことから、チリメンウミウシのペニスにはこれからの交尾に使う1回分に加え、その後の交尾2回分のストック、つまり予備のペニスがあり、交尾のたびにペニス全体の3分の1（相手の膣に挿入した部分）を自切して捨ててしまい、その分を24時間かけて補填すると関澤・中嶋チームは考えました（図68B）。

次に注目したのは、チリメンウミウシのペニスの表面に

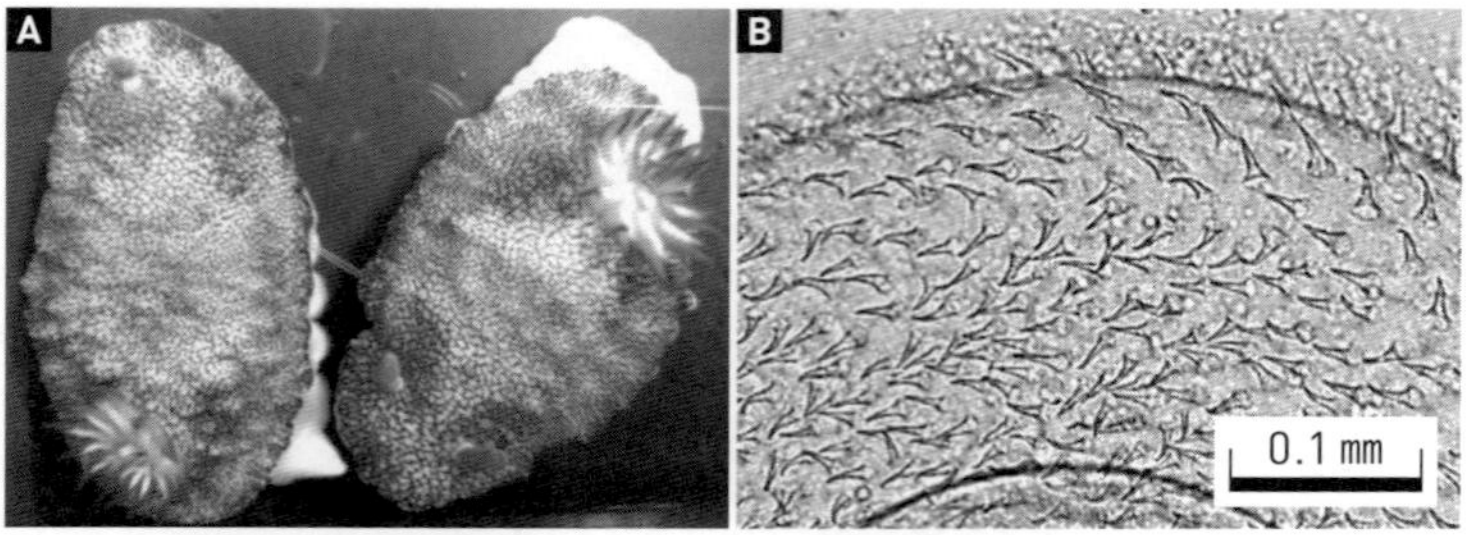

図67：A. 実験室の水槽で交接中のチリメンウミウシ。交接を終えた2個体は互いの体を離すが、その時に相手の膣に挿入したペニスはぶら〜んと体の外に垂れ下がり、抜いてから13〜27分後、平均20分程度で自切する　B. ペニスの逆トゲ構造（写真提供＝関澤彩眞）

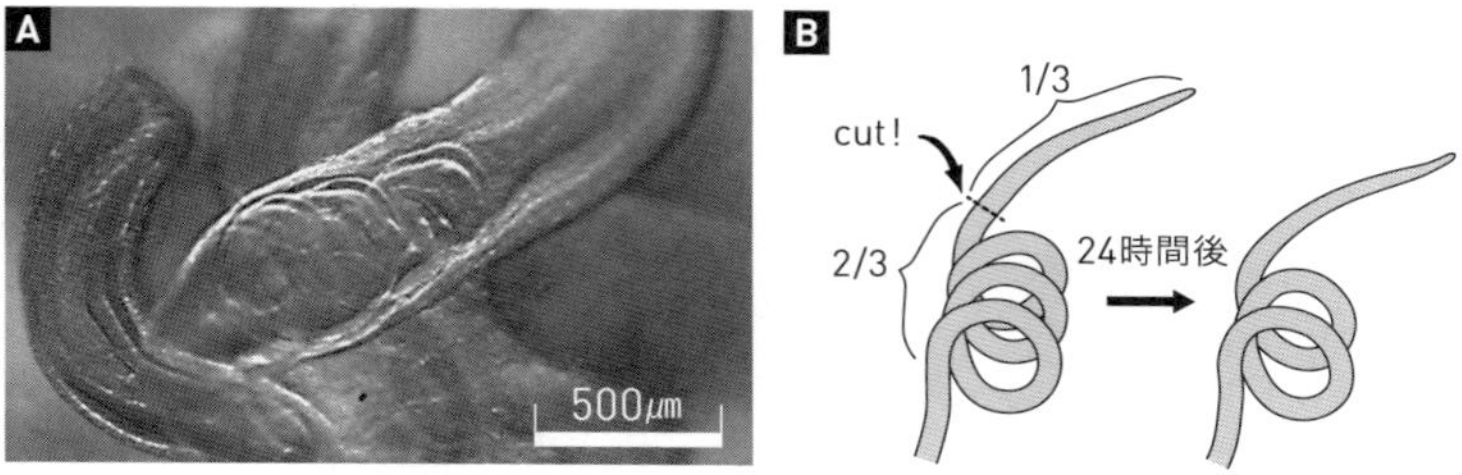

図68：チリメンウミウシのペニス。A. 電子顕微鏡写真。コイル状の部分（矢印）が体内に格納されたペニス。スケールバーは500μm（写真提供＝関澤彩眞） B. 模式図。交尾に使用した全体の1/3は交尾後自切して使い捨てられる。体内に残った全体の2/3のうち1/3が24時間かけて伸長して次の使用分になり、使った分は補填される

多数の逆トゲが生えていたこと（図67B）。そのトゲに精子がびっしりとからまっているのを観察した関澤・中嶋チームは、DNAを用いたこの精子の身元調査を行いました。その結果、調べた精子の70％以上は自切ペニスの持ち主の精子ではなく、持ち主より前に交尾した個体の精子でした。このことから、チリメンウミウシは自分より前に交尾した、つまりライバル個体の精子を自分のペニスのトゲで掻き出し、自分の精子を受精させるチャンスを増やそうとしていると考えられます。もちろんペニスをちょん切ると、新しいペニスができるまでの24時間は、次なる相手と出会っても交尾できません。しかし使ったペニスの逆トゲには大量の、どこの誰のものかわからない精子が絡まっています。いわば「マジックテープにゴミが付いた状態」。使用後24時間は次のチャンスを棒に振ってでも使ったペニスもろともライバル個体の精子を捨ててしまったほうが、結果とし

て自分にとって都合がいいのでしょう。かつ、使い捨てても大損しないように、できるだけ細くて華奢なペニスになったのではないか、というのが関澤・中嶋チームの仮説です。

多くの雌雄異体の動物はメスを獲得するためにオスが争います。ある酒の席で知人のダイビングガイド（バブル期に30代だった男性）が「ウミウシは出会うとそっと寄り添って交尾してそっと離れていくのが、なんか平和な感じでいいよね」としみじみ言ったことを今ふと思い出しました。彼にはなにかつらい過去があったのかもしれません。しかしウミウシの交尾は一見平和に見えるだけ。体の中ではライバルの精子をいかに無効化して、自分の精子をいかに相手の卵に受精させるか、熾烈な精子間競争が行われていたのです。

ちょん切ったペニスでふたをする

では他のウミウシたちのペニスはどうなっているのか。関澤・中嶋チームはこの疑問も解明すべく研究を進めました。

研究対象はアデヤカイロウミウシ属、ミスジアオイロウミウシ属、シラユキウミウシ属、シ

属名	種名	ペニスの自切	ペニスの圧縮構造	再交尾までの時間
ミスジアオイロウミウシ属	コールマンウミウシ	しない	ない	—
	シロウミウシ	しない	ない	—
アデヤカイロウミウシ属	シラナミイロウミウシ	する	ある	—
	キカモヨウウミウシ	する	ある	—
	チリメンウミウシ	する	ある	>24h
シラユキウミウシ属	アラリウミウシ	する	ある	—
	サフランイロウミウシ	しない	ない	—
シロタエイロウミウシ属	モンジャウミウシ	する	ある	<6h
	キイロウミウシ	する	ある	>24h
	タヌキイロウミウシ	する	ある	<4h
	キャラメルイロウミウシ	する	ある	<2h
	シロタエイロウミウシ	する	ある	>24h
メレンゲウミウシ属	メレンゲウミウシ	する	ある	—

表2：ウミウシのペニスの自切とペニスのコイル状の圧縮構造と再交尾までの時間の比較。—はノーデータを示す。Seizawa et al.（2013, 2021）を改変

ロタエイロウミウシ属、メレンゲウミウシ属の5属13種（表2）。この結果、チリメンウミウシ以外にも9種がペニスの自切を行うことがわかりました（表2、口絵7図3・4）。

新たにペニスの自切を観察した9種では、ペニスの表面はなめらかで、チリメンウミウシのようなペニスの逆トゲは観察されませんでした。一方、交尾後ではなく交尾の終盤にペニスがちぎれて、その先端が交尾相手の膣口に残る例が何例か観察されました。チリメンウミウシ以外のウミウシの使い捨てペニスは、精子の掻き出しではなく、交尾相手の膣口をちょん切ったペニス

でふたをして、以降のライバル個体の交尾の邪魔をする「交尾栓」の役割を果たしている可能性がありそうです。

交尾栓は多くの昆虫、爬虫類、有袋類だけでなく、一部のげっ歯類や霊長類でも見ることができます。げっ歯類の中には、交尾相手によってつけられた交尾栓をメスが自分の膣から外す種すらいます。自分との交尾以降の相手の交尾を邪魔したいオスと邪魔されたくないメスの、このような対立を「性的対立」または「性的葛藤」といいます。

同時性雌雄同体のウミウシの性的葛藤は、雌雄異体の動物以上に複雑だと思われます。精子置換や交尾栓はオス的立場からの生存戦略ですが、メス的立場からすれば、せっかく受け取った精子を掻き出されるのも、交尾栓によって次の交尾の機会を失うことも面白くないはず。精子置換を防いだり、前述のげっ歯類のようにつけられた交尾栓を外したりしたいはずです。交尾相手につけられた交尾栓を外すウミウシは今のところ見つかっていませんが、オスメス双方の立場の性的葛藤を克服する何かしらの方策を立てているウミウシがいたらすごいですよね。いつか誰かが見つけてくれることを期待しています。

常にオスであり、メスでもあるけれど

まだちょっと無理

ウミウシは常にオスでありメスでもある、同時性雌雄同体の動物。2個体が出会えばいつでも交尾し精子交換して、2個体とも産卵できる。そんな体の仕組みになっています。そこで私は海の中で同種を2個体見つけると、1匹をもう1匹の後ろに置いてどんな行動をとるか、つい観察してしまいます。うまいこと追跡して交尾に至ってくれたら、すごく良いことをしたような気分になります。世にお見合いおばさん多々あれど、ウミウシのお見合いおばさんは私くらいかもしれません。が、中にはお見合いおばさんのおせっかいを無視する個体もいます。

某年秋、高知県の一切《いっさい》でダイビングした時のこと。小さなアオウミウシを2個体見つけたので、1匹を筆でつまんでもう1匹の真後ろに置いてみました。後ろに置いた個体は前を行く個体に追いつきました。一部始終を写真に撮ろうと私はカメラを構えたのですが、前を行く個体は私の期待というか予想に反して回れ右はせず、2匹はお互いがまるで存在しないかのように右と左に分かれ、別の道を歩み始めました。

中嶋先生にこの時のことを話したところ、先生は至極淡々と、

「まだ性成熟していなかったんでしょうね」

性成熟とは、繁殖可能な状態まで生殖腺が成熟した状態のこと（↓１０４ページ「常にオスでありメスでもある」）。性成熟したかどうかはヒトなら第2次性徴というわかりやすい見た目の変化で認識できますが（ただしヒトの体と心の成熟時期はかなり乖離していますので念のため）、ウミウシの場合性成熟しているかどうかは見た目では認識できません。というよりそもそもウミウシは視力が弱く、相手を見た目では判断できません。どんな方法で性成熟しているサインを相手に出しているのか。データがないので確かなことは言えませんが、とにかく一切で見た小型のアオウミウシは、子づくりはまだちょっと無理な段階だったと思われます。

今はそんな気になれないの

「ウミウシの成体は理論的にはいつでも交尾可能ではあるけれど、交尾を拒否する場合があります。拒否どころか威嚇する場合もあります。シロウミウシなんか、僕が観察した時は交尾を

しかけてきた相手個体を、まるで巴投げをするみたいにぶん投げましたよ」(中嶋先生)。

精子の生産コストは低いので、いくらでも作って相手に与えることができますが、卵は精子に比べて桁違いに大きいために生産コストも精子に比べて高く、受精卵を産出するにもコストがかかります。まだ性成熟していない段階や、栄養が足りていない状態では、オス的立場としては精子をばらまきたくてもメス的立場としては「今はそんな気になれないのよね」的なつれない態度（笑）をとっても不思議ではありません。とりあえず交尾はしても、交尾嚢に貯蔵した相手の精子を消化して栄養にしてしまうこともあるくらいです。もしかしたら最初から栄養にするつもりの時は交尾嚢に、そんな気になった時＝受精準備が万端な時は交尾嚢を経ずに受精嚢に、と、コンディションに応じて精子の受け入れ器官を変えている可能性もあったりして、と大真面目に考えている研究者もいます。検証が難しそうですが、ぜひ解明してほしいものです。

ひとまず先にオスになる

ウミウシは同時性雌雄同体の動物ですが、性成熟した個体はどれもほぼ同じ大きさであるとは限りません。ふたつ前の節に書いたことと矛盾するようですが、小さな個体でも大きく育った同種他個体と交尾する種もいます。この場合は、小型個体は見てくれは小さくても生殖器官はオス的にもメス的にも成熟している、と考えていいように思えます。しかしオス的器官だけが先に性成熟する、つまり雄性先熟《ゆうせいせんじゅく》するウミウシもいるので、ことはそう単純ではないのかもしれません。

雄性先熟といえば魚のクマノミが有名です。クマノミは異時性雌雄同体の動物で、幼いうちは無性ですが、やがてオスとして性成熟して繁殖に参加し、その後メスに性転換して繁殖に参加します。これに対して雄性先熟する同時性雌雄同体のウミウシは性転換するのではなく、先にオス的器官（精子を作り、相手に渡す器官）が成熟して、遅れてメス的器官（卵を作り、交尾相手の精子で受精し産卵する器官）が成熟します。同時といいつつオス器官とメス器官が成熟する際に時間差が生じるのですね。

雄性先熟するウミウシとしては、嚢舌類のウスカワブドウギヌの仲間（図69）が知られています。この仲間は大きな個体の周りに小さな個体が複数まとまっていることがよくあります。それを見て「親子だね」「仲良しなのね」などとほのぼのチックに考える人もよくいます。しかしこれらは親子ではなく、小型オス的状態の雌雄同体ウミウシが大型メス的状態の雌雄同体

図69：タマシキブドウギヌ。手前に雄性先熟したと思われる小型個体が2匹（矢印）、大型の個体にとりついている（写真提供＝Gordon Tillen）

ウミウシと交尾している（ややこしい！）と考えられる、ということです。同時性雌雄同体のウミウシが雄性先熟するのは、安く作れる精子を小型のうちからせっせと生産して、あちこちに自分の遺伝子をばらまこうというオス側の思惑にのっとった戦略と考えられます。この時に交尾相手からいただいた精子はメス側の生殖器官が成熟するまで体内で貯蔵しておく説があります。が、しかし消化吸収して栄養にしてしまう可能性も捨てきれません。雄性先熟はまだよくわかっていないことが多い現象。今後の研究が待たれます。

ウミウシの生涯

盗人稼業

第1章で、ウミウシは貝殻をなくす方向に進化した巻貝であると定義しました。貝殻以外の方法で体を守る方向に舵を切った巻貝、と言い換えてもいいと思います。防御方法はさまざまですが、多くの種が採用しているのが、有毒な物質を含む餌を食べ、その物質を体内に貯蔵して自分の体を有毒化する方法です。これには専門用語がありませんが、さしずめ「盗有毒物質」といったところでしょうか。餌の武器をリサイクルしている、ともいえますね。

有毒物質の他にも、ウミウシは餌生物からさまざまなものを盗んで利用しています。たとえばミノウミウシ類の中には餌の刺胞動物の刺胞を消化せずにミノ突起内の刺胞嚢に貯蔵し、刺激を受けた際に刺胞をミノ突起の先端から発射するものがいます。これを「盗刺胞《とうしほう》」といいます。

餌から武器以外のものを盗むウミウシもいます。ゴクラクミドリガイ類などの嚢舌類は藻類の細胞質（細胞の中身）を餌にしますが、葉緑体だけは消化せずに自分の細胞内に取り込みます。

そして葉緑体が光合成をして得たエネルギーを頂戴します。これを「盗葉緑体」といいます。

一方、ミノウミウシ類には餌の刺胞動物の体内にいる褐虫藻を消化せずに自分の細胞内に取り込み、褐虫藻が光合成で得たエネルギーを頂戴するものがいますが、これを盗褐虫藻とはいいません。なぜでしょう？

葉緑体は生物の一部であって生物そのものではないため、葉緑体はウミウシと共生しているわけではありません。それに対して褐虫藻は一個の生物。褐虫藻はウミウシの体内に取り込まれることで他の生物に食べられずにすみ、紫外線から守られ、さらに光合成に必要な栄養分はウミウシが供給してくれます。ミノウミウシと褐虫藻とは持ちつ持たれつの共生関係。だからミノウミウシが褐虫藻からエネルギーをいただくことは「盗」褐虫藻とはいえないのです。


このように、さまざまな盗品で身を守るウミウシですが、それでも裸でうろうろするのは不安、というより実際リスクがあったのでしょう。そこであるものは背景にそっくりになることで敵の目をあざむき（隠蔽的擬態）、あるものは逆に目立つことで「オレ（ウミウシは雌雄同体ですが）を食うとヤバいぜ」との警告を周囲に発して、敵の目から逃れて生きる道を模索しました。警告色をもつ強毒の種にそっくりになることで強毒種の虎の威を借りる弱毒ウミウシもいます（これをベイツ型擬態といいます）。この他にも遊泳・威嚇・発光・自切などを合わせ技として繰り出すことで、ウミウシは人生のさまざまな難局を切り抜けて生き延びていきます。

しかし、どんな動物も死からは逃れられません。

ウミウシの死にざま

大学院生だった頃、東京から来た友人と、沖縄本島東海岸某所にダイビングに行きました。初夏になると見られる赤色の派手なウミウシ、アカマダラツガルウミウシが友人の目的です。海底に目をこらすと、いました。見つけたアカマダラツガルの鰓付近からは白いコペポーダ（通称コペ）の卵塊が出ています（図70）。アカマダラのコペ寄生率って高いなぁ、どんな具合に寄生されてるのかな、解剖して見てみたい。との思いがわき上がってきましたが、そのツガルウミウシはダイバーの間では人気者なので採集は断念。他のウミウシも見て回る、通常のウミウシウォッチングをしてその日のダイビングは終了しました。

その翌々日、今度は1人で海に行きました。もちろん採集が目的です。が、その日のアカマダラは一昨日と違い、なぜか横倒しになっていました。コペの卵塊はついていません。

「もしもし？　大丈夫ですか？」というつもりで、筆でつんつんしてみたのですが、ウミウシはぴくりとも動きません。それもそのはず、そのウミウシは死んでいたのです。

死んだ瞬間から腐敗が始まるので、もはや固定しても意味がない……と、死体はそのままにしてダイビングを続けたのですが、気になったので翌日も同じ場所に行ってみました。そのウミウシは半分以上溶けており、筆でさわるとふわっと溶け崩れてしまいました。

コペポーダの寄生の他に、魚や甲殻類に捕食されて命を落とすウミウシもいます。ウミウシばかりを狙う捕食者、つまりウミウシの「天敵」は存在しませんが、ベラやフグのように何でも食べる悪食な魚やワタリガニやエビなどの甲殻類には、有毒物質などの盗品を

図70：アカマダラツガルウミウシ。鰓付近にある4本のウインナーソーセージのようなもの（丸で囲んで拡大した）が、このウミウシに内部寄生したコペポーダが産出した卵塊

駆使するウミウシの生存戦略は効果がないようです。

ではそんな敵に遭遇しなければ、ウミウシはどのくらい生きられるのでしょう？

ウミウシの寿命

野外環境でウミウシの寿命を調べた、ユニークな研究をご紹介しましょう。

鹿児島の錦江湾《きんこうわん》にある鴨池公園内水路、通称「長水路」と呼ばれるプールのような環境に暮らすコノハミドリガイは、最大で10㎝を超えるほど成長します（図71A）。通常はせいぜい3㎝ほどのウミウシなので、長水路のコノハがどれほど巨大かがわかります。この長水路にごまんといる巨大コノハミドリガイ（図71B）の体長と体色に着目したのが、当時鹿児島大学の院生だった広瀬もえりさんと指導教官の山本智子先生チームです。

広瀬・山本チームは2000年3月から2001年7月まで、長水路内に調査域を設定し、約2週間ごとにダイビングで採集を行いました。その結果、野外観察と飼育観察の両方で、長水路のコノハミドリガイは成長するにともなって、体色が透明から薄緑色、そして濃緑色に変わることが確認されました。濃緑色を示す時に体長はピークに達します。その後は縮んでいき、濃い緑色だった体色も白く濁り始め、白濁色になった個体は死にました。この場合の白化は、コノハミドリガイは年をとると体内に葉緑体を保持できなくなることを示唆しています。ヒト風にいうと、老衰による臓器不全ですね。

広瀬・山本チームによると、コノハミドリガイは5月に出現が始まり、翌年3月から4月には死滅しました。このことからコノハミドリガイの寿命は1年と考えてよさそうです。

私は広瀬さんと一緒に長水路でダイビングしたことがあるのですが、防波堤に囲まれた水路の中は波ひとつなく穏やかで、水深は最大でも6mほど、日光が降り注ぐ海底は一面の緑藻畑。コノハミドリガイにはさぞかし快適な寝床だろうと思ったものでした。そんなぬくぬくした揺り籠、いや「揺り籠から墓場まで」的な環境で、巨大コノハたちは約1年の「天寿」を全うするのでしょう。

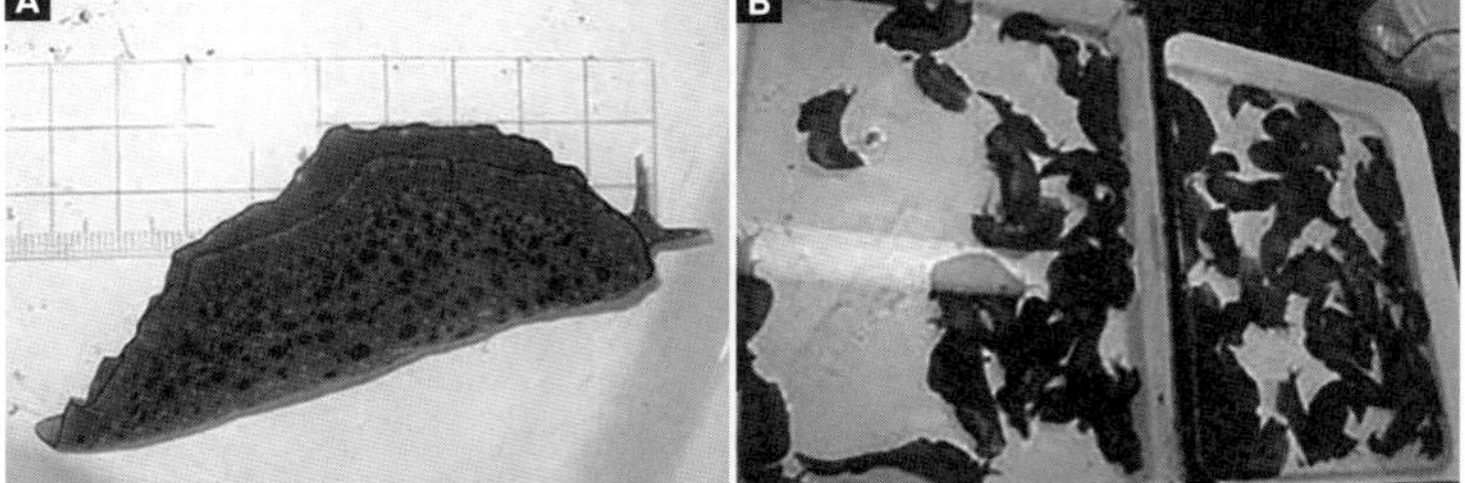

図71：長水路で観察したコノハミドリガイ。A. 通常サイズ（口絵4図3）と比較すると4倍近くにも成長する　B. 一度の調査ダイビングで得たコノハミドリガイ

その他のウミウシの寿命はどのくらいなのか。これは実のところあまりよくわかっていません。なにしろ浮遊幼生期間がどの程度なのか、よくわからないウミウシが多いのです（↓153ページ「ウミウシを飼育する」）。幼生が着底・変態してからヒトの目に見える大きさに成長するまでにどのくらいかかるかもよくわかっていません。毎年そのウミウシが多く見られる時期が決まっているので、私たちは経験的にウミウシの寿命を1年程度ではないかと推測しているに過ぎません。ムカデミノウミウシやコノハミドリガイのように1年程度、イロミノウミウシのように5ヶ月程度と、寿命のわかるウミウシは少数派なのです。平野先生はそのご著書で「後鰓類の寿命は、長いものでも3年以下、多くのものが1年、そして、1年未満の短いものも多く、中には数週間という短いものもある」と書いておられますが、3年近く生きるウミウシが何なのか、勉強不足の私にはわかりません（飼育下では6年生きたタツナミガイや4年半生きたキセワタガイ類の記録があります）。巨大なアメフラシでも寿命は約1年。他の大型種、たとえばミカドウミウシやダイオウタテジマウミウシ（口絵1図6）などが何年生きるのかは、まだ判明していないと思われます。反対にヤツミノウミウシ（口絵8図5）、トンプソンコトリガイのように1年を通して見られるウミウシは、イロミノウミウシにおけるイソギンチャクのように通年そこにいる動物を餌にしている可能性が高く、ライフサイクルもイロミノウミウシのように5ヶ月、あるいはより短い可能性があります。これに対して巻貝の寿命は長く、サザエの寿命は7~8年、クロアワビは10年生きるそうです。

堅実で長寿な巻貝か、自由で短命なウミウシか。あなたはどちらの生き方に共感を覚えますか?

南からの旅人

謎に包まれた人気者

大学院修了後、東京大学と琉球大学に籍を得て、私の研究者生活がスタートしました。その翌年の6月、研究者と一般のウミウシウォッチャーをつなぐ場を作るためにNPO法人を設立しました。NPOについての詳細は次章に譲りますが、私のもとにはNPOの会員になってくれた全国各地のウミウシウォッチャーからウミウシに関するさまざまな情報が届くようになりました。たとえば毎年初夏になると伊豆半島や房総半島、伊豆諸島の各地からアオミノウミウシ（口絵7図6）の目撃情報が届きます。

アオミノウミウシはカツオノエボシなどのクラゲとともに海岸に打ち寄せられ、そのたびにニュースになるので、ウミウシウォッチャーだけでなく一般に広く知られています。ところが目撃情報をくれた会員ですらも「夏になるとクラゲとともにやってくる、シュッとしたかたちのかっこいいウミウシ」くらいしか知らない人が多いことに驚きました。そこで本章の最後に謎の多い人気者、アオミノウミウシの生態についてご紹介します。

アオミノウミウシ*Glaucus atlanticus*は「日本三大海面に浮いて暮らすウミウシ」のひとつです。他の2種はヒダミノウミウシ（口絵8図2）と、アオミノウミウシの近縁のタイヘイヨウアオミノウミウシ（口絵8図3）。アオミノウミウシの体長は約30㎜でほっそりスマートなスタイルをしていますが、タイヘイヨウアオミノウミウシはもう少し小さくて体長は10～15㎜程度、体型はアオミノウミウシよりもやや小太りです。ほかに白色ラインの入り方、ミノ突起の形などが異なります。タイヘイヨウアオミノウミウシは太平洋にしか生息しませんが、アオミノウミウシは太平洋だけでなく、西アフリカやブラジル沖（大西洋）、東アフリカ沖（インド洋）、オーストラリア東部やカリフォルニア沿岸（太平洋）など世界中の熱帯～温帯の沖合で観察されています。

旅のお供は猛毒のクラゲ

世界中の温かい海で見られるアオミノウミウシは、人気の高さも世界レベル。かわいい系のアイドルがウデフリツノザヤウミウシやアカテンイロウミウシであるとするなら、アオミノウミウシはさしずめイケメン系のトップアイドル。あの青い体色とシュッとした独特なかたち（図72A）にグッとくる人が多いようです。それだけでなく、気まぐれにやってくるところにロマンを感じるからかもしれません。

ロマンチックな海の旅人であるアオミノウミウシですが、一人旅をしているわけではありません。前述したカツオノエボシのほかにギンカクラゲやカツオノカンムリなどのクラゲが、彼らの旅のお供です。これらのクラゲは強い刺胞[※2]

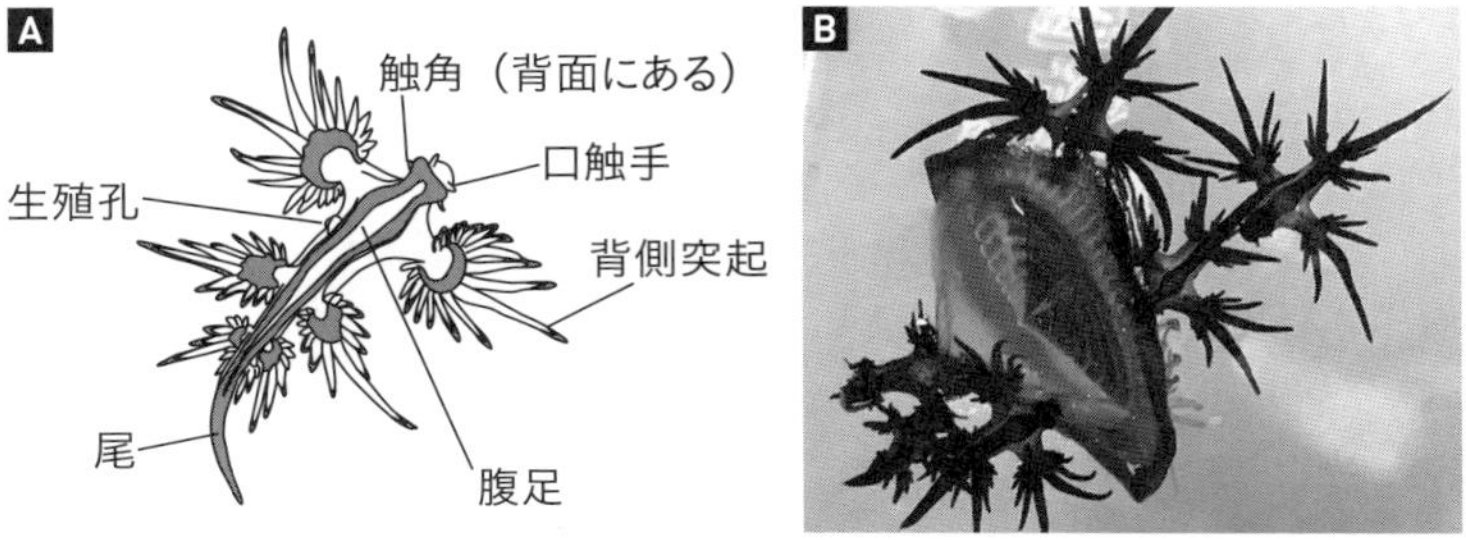

図72：A. アオミノウミウシの体制模式図（腹側）。仰向けになっているので生殖孔が体の左側にあるように見えるが、多くのウミウシ同様、体の右側に生殖孔が開いている。B. クラゲの一種カツオノカンムリを摂餌するアオミノウミウシ（写真提供＝新江の島水族館）

毒をもつため、捕食者に狙われることはまずありません。アオミノウミウシはそんな毒クラゲを餌兼用の住処にしています（図72B）。さらに体色を餌に似せ、その上さらに餌の刺胞を自分のミノ突起に貯蔵し、いざという時はその刺胞を発射することで敵を撃退します（→222ページ「盗人稼業」）。海底でよく見る、体色を餌のカイメンに似せることで、敵の目をくらますドーリス類の生存戦略と、盗刺胞を行うミノウミウシ類の生存戦略の両方を、アオミノウミウシは海面で行っているのです。

潮の流れに身を任せ

ではアオミノウミウシは、どうやって海面に浮くのでしょう?

アオミノウミウシの胃と腸の間には強い括約筋《かつやくきん》があり、この括約筋をぐっと締めることで、胃が浮袋となって浮力を確保すると考えられています。餌兼住処につかず離れず漂うことができるのは、この胃袋浮き輪のおかげなのですね。

アオミノウミウシ類は「海面側が腹側で水中側が背側」の状態で海に浮いています。他のウミウシと異なり、アオミノウミウシ類は「仰向け」が常態。面白いなぁと思うのは、海面側が青色または青白色で、水中側が銀白色をしていること。腹側の青色・青白色は空から見下ろした際の海面にまぎれやすく、海鳥などの目をあざむきます。背側の銀白色は海中から見上げた際の海面にまぎれやすく、魚など海中の捕食者の目をあざむきます。この海の色への隠蔽的擬態をカウンターシェーディングといいます（口絵8図1）。ペンギンや沖の中層を泳ぐ魚の多くがカウンターシェーディングを行いますが、ペンギンなどよりはるかに小さなアオミノウミウシも同じ戦略をとっているのですね。

アオミノウミウシ類も他の多くのウミウシと同様、同時性雌雄同体です。異なるのは配偶者との出会い方。海底のウミウシたちは餌に集ううちに成長し、たまたま同じ餌を食べていた相手と出会うわけですが、アオミノウミウシ類は配偶相手どころか餌探しすら風まかせです。

なんとも心もとない話ですが、海面近くや中層を漂うハナデンシャが複数個体でまとまって見つかることが多いのと同様、アオミノウミウシも一度に複数の個体が見られることが多いそうです。ＮＰＯ会員ガイドの黒須洋平さんや高山まちゃさんによると、伊豆北川では20個体ほどがまとまって見られた由。彼らの報告によれば、アオミノウミウシが餌兼住処のクラゲ類とともにやってくるのは、おおむね南風が吹いた後です。アオミノウミウシはふだんはるか沖合の表層を漂っています。同じような大きさ・比重のものが潮に流されるうちに1ヶ所に集まるのでしょう。そして、強い南風によって流れ藻やクラゲなどとともに北に押し流され、その結果上記の港や海岸に吹き寄せられて、ようやく私たちに発見されるのですね。アオミノウミウシやタイヘイヨウアオミノウミウシの雄性生殖器が長いのは、多少波に翻弄されたくらいでは外れないためかもしれません（口絵8図4）。

風まかせ波まかせで世界中を放浪できて、しかもご飯つきでガードもばっちり。なんと羨ましい生き方でしょう。アオミノウミウシになら生まれ変わってもいいくらいです。

［※2］刺胞毒：刺胞は刺胞動物の細胞小器官の一つで、刺胞の中は刺胞毒と刺糸《さし》と呼ばれる針がコンパクトに折り畳まれた状態になっている。刺胞動物は餌生物や敵に遭遇すると反射的に刺糸を発射し、餌または敵に刺胞毒を注入する。刺胞毒の成分は蛋白毒で、毒性の強弱は種によって異なる。

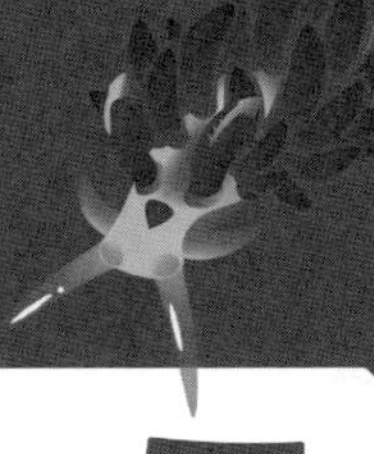

第5章 これからもウミウシと

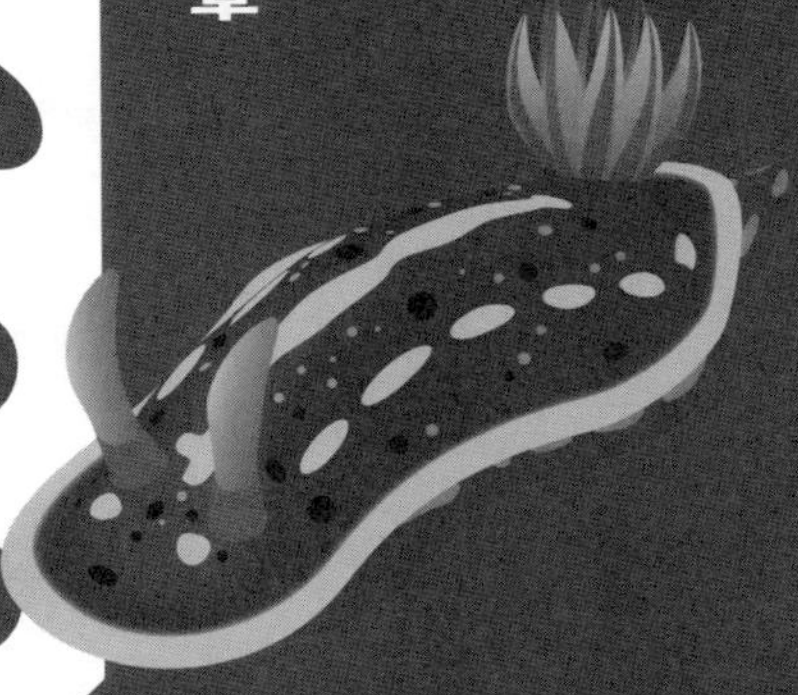

イラスト（上から）：ツノヒダミノウミウシ・アオウミウシ・ヒロウミウシ・パンダツノウミウシ・ハナデンシャ・キイボキヌハダウミウシ

土佐の高知の黒潮生物研究所

東京から電車で10時間

高知というと魚類相が豊富な柏島が有名ですが、私の所属している公益財団法人黒潮生物研究所（以降、黒潮研と表記）は柏島よりも少し東に位置する西泊《にしどまり》地区にあります（図73）。私が黒潮研に所属するようになったそもそものきっかけは、神田優くんが高知にいたから。

神田くんは私に先んじてウミウシを食べた人で（↓128ページ「ウミウシを食べてみた」）、進路相談にも乗ってくれた（↓140ページ「そうだ大学院、行こう！」）、私の最も古くからの海仲間のひとり。彼は高知大学から東京大学大学院に進学、ニザダイ科6属17種と、近縁関係にあるアイゴ科1属3種の歯の形態や配列などの比較、食性や摂食行動との関係性に関する研究で博士号を取得しました。大学院修了後に高知に戻り、1998年より柏島にて地域の海の魅力を伝える活動を開始。人は海からの恵みを享受するだけでなく、人が海を耕し、育み、守るのだという考え方を「里海」という言葉でを提唱し、2002年にNPO法人黒潮実感センター（以降、実感センターと表記）を設立。以来センター長を務めています。
神田くんは高知に戻って以来「柏島の海は素晴らしいから是非来て」と何度も誘ってくれたのですが、私が初めて柏島に行ったのは神田くんが実感センターを設立した実に7年後の

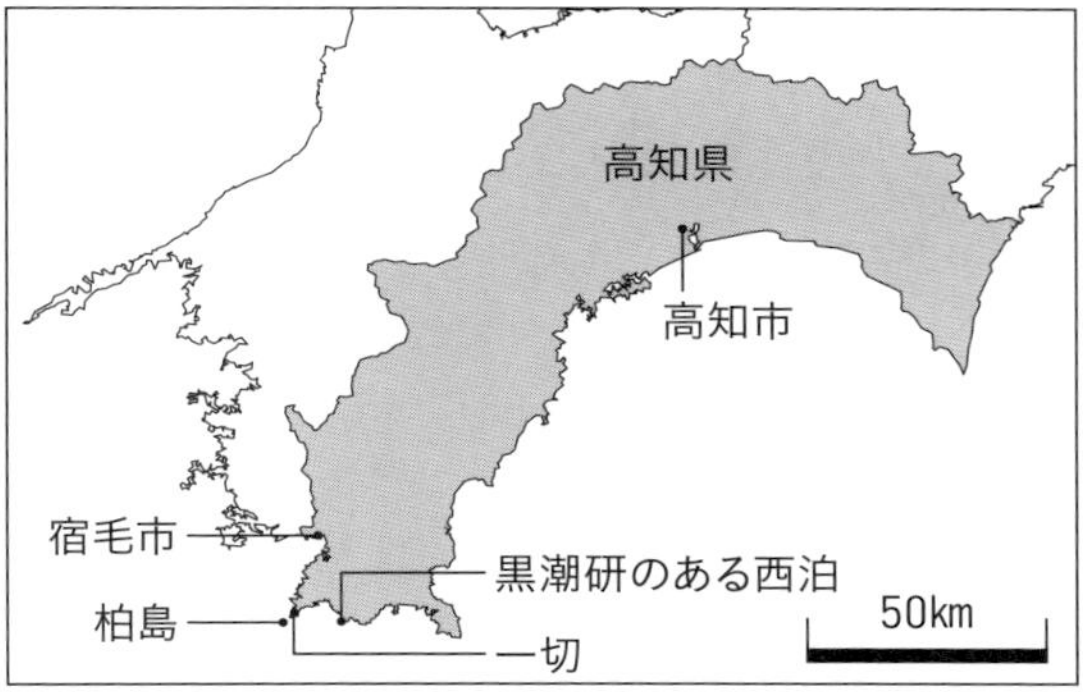

図73：黒潮生物研究所の位置。宿毛駅まではJR岡山駅から電車で5〜6時間、JR高知駅から電車で約3時間。JR松山駅からは電車とバスを乗り継いで約3時間。ちなみに東京からは約10時間かかる。宿毛駅から黒潮研までは車で約30分。まさに陸の孤島

2009年。神田くんの結婚式に出席するため沖縄から高知に向かい、式の翌日に猛烈な二日酔いでフラフラしつつ柏島まで足を延ばしてみたのです。といっても高知市内からでも柏島までは3時間半（高知駅から電車で2時間半、終点の宿毛駅から車でさらに約1時間）！　着いた頃には二日酔いはすっかり抜けていました。

その実感センターと黒潮研は車で30分の距離にあります。以前から黒潮研の名前だけは知っていた私は、せっかく柏島まで来たんだから、とご挨拶に伺いました。

出迎えてくださったのは黒潮研の初代所長だっ

た岩瀬文人さん。所長自らが施設を案内してくださり、翌日は建物の前に広がるスルギ浜にてダイビングさせていただきました。建物から海岸までは徒歩3分。腰まで海に浸かって海を覗いたら、そこにはサンゴの群落が広がっていました。

「超すばらしい海ですね！　しかも町からこんなに遠くて海にこんなに近い。研究に集中するには最適ですね」

とエキジット後に絶賛すると、岩瀬さんは「そうでしょう」と自慢顔。

「宿泊室もあるので、外部の研究者もよく利用してくれています」

「外から来る研究者との情報交換は有益ですよね」

琉球大学にやってくる国内外のさまざまな研究者の顔を思い出して、私はそう言いました。するとと岩瀬さんは意外なことに、

「研究者だけでなく、ダイバーとの情報交換も積極的に行っていますよ」

これを意外に思った理由は次項で詳しく書きますが、私はきっと怪訝な顔をしていたのでしょう。岩瀬さんは続けました。

「ダイバーはその海の生物や環境などの情報をもっています。我々研究者はその情報を是非提供していただきたい。その代わりに僕らはダイバーの皆さんに、生物や環境についての最新

の・正確な知識を提供していきたい。そのために僕らは近隣のダイビングガイドさんたちなどと定期的に勉強会を開いています」

「ダイバーと研究者の共同研究……！」

「ダイバーだけでなく、地元の人たちにも、得た知見を還元する活動を行っています」

「どうやって？」

「環境保全活動はもちろんですが、近隣の小・中学校などでの海の生き物観察会や講演会なども、年に40回以上開いています」

そんなお話に感銘を受けて、翌年から高知通いが始まりました。高知の海は黒潮の影響を強く受け、それゆえ刺激に満ちたものでした。なにしろ沖縄でもそうそう見られないような熱帯海域のウミウシがいるのです（口絵3図4）。かと思うとアオウミウシやシロウミウシなど温帯域のウミウシもいます。往復に2日かかることもあり、せっかく行くのなら、と調査日程は毎回最低でも2週間。高知にはウミウシ前時代からの友人である松田早代子さんがチーフガイドをつとめる〈SCUBA HOUSE K's〉が、柏島の対岸の一切にあります。そしてこの頃、友人の山下慎吾くん（↓140ページ「そうだ大学院、行こう！」）は黒潮研から車で1時間ほどの中村近郊に自分の研究所（魚山研）をたちあげて、テナガエビ属2種の保全生態研究および小さな自然再生の実践についてを主に研究していました。行くたびに研究所の皆さんや神田くんや早代子さんや山下くん、そして親しくなった柏島のダイビングガイドさんたちの世話になって潜りまくっては、「あれ？　おかしいな？　ここは研究に集中するには最適の場所だったはずなのに？」と思いながらも飲み歩き、いつの間にか高知は私の第2の故郷になっていました。

客員研究員になった理由《わけ》

2010年と2011年に黒潮研から助成金をいただいて行った高知県ウミウシ相調査。結果を和文論文にまとめて黒潮研の発行する学術誌『Kuroshio Biosphere』に投稿し、査読※は東京大学の佐々木猛智先生にお願いしました。この時のご縁で博士後期課程修了後、東京大学総合研究博物館に籍を置かせていただけることになりました。

順調に始まったかのように思えた研究者生活でしたが、大学院修了後3年目の春に沖縄の家をたたんで東京に引き揚げたため、その翌年には琉大の非常勤講師の仕事を辞することに。そして東大のほうも順調ではない、どころか逆風にさらされてしまいました。総合研究博物館とは別の東大の某組織の室長に（詳しくは書きませんが要するに）アカハラを受けてしまい、またしても鬱の症状を発症してしまったのです。大学に行くべく本郷三丁目の交差点に立つと胸の灼熱感で気分が悪くなり、赤門方面に足を進めることがどうしてもできなくなってしまいました。またもや精神科に通い、東大のハラスメント相談室にも行きましたが、事態は改善するどころか悪化の一途をたどりました。そこそこ稼げたライターの仕事をやめてダンナ氏とも別居して（ダンナ氏は私が大学院博士後期課程に進学する際に単身東京に戻りました）、6年もかけて大学院を出たというのに！　どれだけの人のお世話になって私は今ここにいるのか？　そう思うと情けないやら悔しいやら……。

ウミウシ開眼前はあれこれくよくよ悩みましたが、ここにきて久しぶりに私は懊悩してしまいました。今もし私が若くて、研究職を得てそれで食って生きていきたいと願う人なら、長いものに巻かれないといけないと判断するかもしれないし大樹の陰に寄らないといけないと判断するかもしれない。しかしそれは私にとっては塗炭の苦しみでしかない。どこに所属しなくても、野良研究者でもやっていけるかも。博士号を取得したので、どこぞの馬の骨扱いされることはさすがにもうないだろう。いや、でもアカデミアのヒエラルキー体質を考えると、野良はさすがにしんどいかもしれないな……いっそ研究なんかやめてしまおうか……ベランダでプチトマトを育てる余生も悪くないかも……。

悶々としたまま高知に出かけ、研究所の2代目所長の中地シュウさんに事情を打ち明け、鬱々としながら研究棟の顕微鏡室で電子顕微鏡の操作をしていた、そんなある日。

中地さんが「夕方から、みんなで釣りに行きましょう」。

その時研究所にいた数名の研究員の方々と、研究所の初代調査船〈つきなだ〉でスルギ浜の沖に釣りに行きました。

釣りを始めて、しばらくたった時のことです。

夕焼けが空を染め始め、海は凪いでいます。静かに揺れる〈つきなだ〉の船上で、皆それぞれに座って自分の竿の先を見つめています。私はというと、魚を釣るでもなく、ボートのへりに腰掛けていました。研究をやめてしまったらもうここに来ることもなくなるんだなあ……それはいやだなあ……この海の底にはウミウシがいっぱいいるんだよ……などと思いながら、ぼんやり海を眺めていました。そんな私のところに中地さんが来て、腰を下ろして言いました。

「宿泊棟も建ったことだし、いつ来ても、何日滞在してもいいので、うちの客員研究員になったらどうですか」。

この時以降、学会発表や論文発表の際は「黒潮生物研究所の中野」と名乗らせていただいて

図74：研究所の皆さん（2023年3月撮影）。左から、長岡知香さん（事務員）、平林勲修士（研究員：サンゴ共生カニ類相）、吉岡武瑠さん（研究員補／2024年退所）、日野出賢二郎博士（研究員：藻類の生理生態）、伊勢優史博士（研究員：カイメン類の分類）、喜多村鷹也博士（研究員：サンゴ食性動物の分類生態/2024年退所）古井戸樹博士（研究員：八放サンゴ類の分類）、戸篠祥博士（主任研究員：クラゲ類の分類生態）、目﨑拓真博士（所長：有藻性サンゴ類の産卵生態）

います。3代目所長の目﨑拓真博士、主任研究員の戸篠祥博士をはじめとした研究員の皆さん、事務の長岡知香さん（図74）、そして理事の和田康嗣さんにはお世話になりっぱなしです。

誘われても「柏島は遠いからなぁ」と行くのを逡巡していた時から20年。いっそ高知に住んでしまおうかと思う今日この頃。

※査読：学術雑誌（ジャーナル）に投稿された論文を、その分野を専門とする第三者の研究者が精読し、掲載の可否を判断すること。査読を行う第三者は「査読者」とよばれ、その学術分野の専門家が任ぜられる。査読者は掲載の可否を判断するだけでなく、訂正すべき点の指摘なども行う。学術雑誌の編集者から査読依頼がくることはその分野の専門家として認められたことになり、光栄に思うと同時にプレッシャーで胃炎になる（人もいる）。

ダイバーと研究者のためにできること

ダイバーと研究者の間の深い溝

前節で「黒潮研を初めて訪れた時、当時の所長の『ダイバーとの情報交換も積極的に行っている』という発言を意外に思ったと書きました。その理由について私なりに掘り下げてみます。私は普通の会社員からフリーランスライターになり、その後大学院に進学しました。名刺に載せる肩書やウミウシにむかう姿勢は変わっても、ダイビングは常に私の最高の趣味でありウミウシを探す手段であり生き甲斐でした。学校1の運動オンチだったくせに、今やダイビングできない人生なんかありえないとまで思います。ですが大学院の院生たちや先生はダイバーを「ダイバーさん」と呼んで、やや見下したような態度をとることに進学早々気がつきました。

[※1]1本500円でタンクを借りて、ガイドも頼まずバディまたはセルフダイビング、そのままシャワーも浴びずに研究室に走って帰る大学生・大学院生からすれば、高級ホテルに宿泊し、最新の器材を身につけてボートダイビングをするなんて贅沢の極みかもしれません。ですが

「ダイバーさん」という言い方や態度には何か「あんたたちとは違うもんね」的な優越感が感じられて少々イヤな気分がしたものでした。そこで親しくなった院生たちに「もしかして社会人ダイバーのこと嫌いなの？　もし嫌いだとしたらなんでなの？」と取材をすると。

・見るだけ、写真を撮るだけで満足して、詳しく観察しようとしない。何のために潜っているのかわからない
・海でテンション高く騒いでいるのがうるさい

一方でダイバーやダイビングガイドも研究者を面倒くさい存在と思っていることに、私はうすうす気がついていました。そこで取材をしたところ。

・自分たちが見たい、珍しい動物を連れ去って殺してしまう。かわいそうだし許せない
・商売ネタにしている動物をかっさらって行くのでたいへん迷惑
・自分たちの研究対象しか目に入らないのか、砂地では砂を蹴り上げるわ[※2]残圧の確認はしないわ。ダイビングが下手で周囲に配慮がない

ダイビングが下手くそな研究者は少ない、とはさすがに私も思いません。が、しかしダイバーが非常に気にする学名や和名、新種かそうでないかなどは、研究者が動物を採集して解剖やら遺伝子解析やらすることで決まったり判断されたりするのです。この事実には目をつむったまま研究者に文句を言うのは、なんか違うんじゃないかしら。と、進学以来ずっとモヤモヤ感を抱いていた、そんなところに「黒潮研では研究者とダイバーが協力しあって」という話を研究者の口から聞いて、私は驚いたのでした。

プロとアマの架け橋になる

私はダイバーでもあり大学院生でもあったので、冷静になってみればどちらの立場もよくわかりました。

ダイバーはダイビングをして、そのエリアの海にいる動物（本書ではウミウシ）がいつどこで、どの程度の頻度で見られるかをよく知っている。しかし生物学的な知識に乏しいためか「名前がわかった」だけで満足し、生態学的に貴重なシーンを目撃しても「なんか変なことしてたねー」「だねー」で終わってしまいがち。なにかを疑問に思っても、研究者に質問できない、というより、誰に質問したらいいのかもわからない。

一方で研究者は、対象生物（本書ではウミウシ）の研究が生業なので、最新の・正確な知識をもっている。しかし研究者は自分の探求心を満足させると「よーしOK、次いこう」と、得た知見のアウトリーチを忘れがち。かつ論文を読んだり書いたり飼育・実験したりに忙しくて海に行く時間が作れず、どんなウミウシがいつどこで、どの程度の頻度で見られるかをよく知らない。

だったら、と、思ったのです。双方が協力し知見や情報を共有したら、ダイバーはウミウシウォッチングがより楽しめるし、研究者は強力な情報提供者を得られて、より充実したウミウシ研究ができるのではなかろうか。少なくとも反目しあっているよりはよいはずだ！

よいお手本は高知にあります。要は黒潮研のウミウシ版です。NPO法人を設立しようと決めて全国のウミウシ仲間に声をかけたところ、設立に必要な10名の賛同はすぐに得られました。2010年の国際学会で知り合った日本大学の中嶋康裕先生と、奈良女子大学の遊佐陽一先生が理事就任をご快諾くださいました。魚やサンゴなど海の絵本を多数手がけるイラストレーターの友永たろさんが、NPOのためならとロゴマークを無償で描いてくださいました（図75）。東京都のNPO法人課に設立申請書を提出した頃には鬱の症状が出始めていたのですが、なんとか頑張ってウェブサイトも作りました。そして２０１４年5月28日に東京都から承認されて、ＮＰＯ法人の活動がスタートしました。

図75：NPOロゴマーク。イラストレーターの友永たろさんがご提供くださった

名称は全ウ連でいきましょう

ところでＮＰＯの名称「全日本ウミウシ連絡協議会」についてです。これは２０００年前後に八丈島の田中幸太郎くんのダイビングショップ〈コンカラー〉で一緒に潜っていたウミウシ仲間の誰かが、特に深い考えもなく全ウ連関東支部（という名前の組織は実際なかったのですが）を名乗って「全ウ連関東支部の集会をしようぜ」などと言っては飲みに行ったりダイビングに行ったりしていたことが始まりでした。ウミウシ写真家・今本淳さんもその仲間のひとりで、ＮＰＯを設立する際に名称を相談したところ「全ウ連しかないいんじゃない？」。

「略称は全ウ連でいいとして、正式名称はどうしよう？　全日本ウミウシ連絡協議会にしようと思うんだけど、連絡協議会は堅苦しいから全日本ウミウシウォッチャーズ連盟とか、なんかカタカナがいいという声もあって。かくなるうえは多数決でいこうかと思うんだけど、どう思う？　理事会の3人と設立社員10人は2ポイント、一般参加1ポイントとか、どうかな？」

「では僕は、全日本ウミウシ連絡協議会に2ポイント。日本全国のウミウシファンが〈ウミウシ〉のことを〈連絡〉して〈協議〉することに、この〈会〉の真髄があると思います」

遊佐先生も「全国の人が連絡・協議するのはいいことです」。

中嶋先生は英語の名称を考えてくださり、という具合に、深い意味はなかったはずの「全ウ連」は日本中のウミウシウォッチャーと研究者のための組織名となったのでした。「全学連みたい」「あやしい組織っぽい」と言われることも多いのですが、あやしい活動はしていませんし政治的な偏向もありません。入会資格は「ウミウシに興味がある」だけなので、本書をお読みになってくださった方はぜひ一度、NPOのウェブサイトをお訪ねください（著者プロフィール参照）。

全ウ連の主な活動は、まずウミウシカフェ（カジュアルな勉強会）を東京と大阪で定期的に開催しています（図76A）。ビジター向けのウミウシセミナー（図76B）や採集してきたウミウシを顕微鏡で観察するワークショップは全国各地で随時開催（図76C）。ダイビングでのウミウシ観察ツアーは国内外で行います（図76D、E）し、ダイビングしない人でも参加できる磯観察会を年2回開催（次項参照）。会員のアーティストに講師を依頼するアート作品のワークショップ、標本を解剖してウミウシのめくるめく内臓世界を探査する解剖ワークショップも時折開催しています。活字媒体は機関誌『季刊うみうし』とメールマガジン『うみうしらいふ』の2本立てで、ウミウシに関する最新知見や活動状況の報告を行っています（図76F）。全国の会員の協力で論文になった調査も行なってきました（巻末参照）。

設立時から今に至るまで会員の構成比率は変わりなく、約80％がダイバーで、10％がアーティストなどのノンダイバー、残る10％が研究者や大学院生、水族館職員などの専門家です。カフェやセミナーではダイバー層にフォーカスして話すことが多いですが、ウミウシについて生物学的に詳しい人から「ウミウシってかわいいよね、でも何の仲間？」くらいの知識の人まで、さまざまな人が参加するため、話す内容や話し方はその場の顔ぶれを見て変えるようにしています。私自身が文系出身なので、ビギナーの人の気持ちやわからないことがわかった時の嬉しさもわかります。また専門家による情報交換や情報提供も行なっていて、詳しい人がより詳しくなれるように心がけてもいます。

図76：A. 東京でのウミウシカフェ風景。写真のカフェ開催時は中嶋先生にお話をしていただいた。前列中央が中嶋先生　B. 各地で講演会も行う。写真は横浜で開催された講演会の際の記念写真　C. 顕微鏡ワークショップでは生きたウミウシを実体顕微鏡を用いて観察する。肉眼やカメラのクローズアップ機能では見えない体表の色素が見えて感動する。ウミウシの心臓の拍動が観察できることもある　D. 三重県＜スポーツマンクラブMTK＞でのウミウシセミナー初日、ダイビング前の記念写真。2ダイブの後でセミナーを行う。E. 活動の場は海外にも。写真はフィリピン・セブ島にて　F. 機関誌『季刊うみうし』。オールカラー8ページ。年に4回発行。メールマガジンは年18回配信

２０２４年６月、全ウ連は設立11年目を迎えました。「ウミウシを楽しく科学する」をモットーに、会員の方々のご協力のもと日本各地を飛び回った10年間でした。これからも私自身のウミウシに対する興味と体力が続く限り、全ウ連の活動を続けていきたいと思っています。

［※1］1本500円でタンクを借りて：2024年現在では値上がりして700円になった由。

［※2］残圧：タンクの中に残されている圧縮空気の量。手元にある残圧計で確認できるが、何かに夢中になって残圧を確認しないでいるとタンク内の空気を使い果たす「エア切れ」という状態になることがある。ダイビング中にエア切れを起こすと窒息して大変危険なので、ダイバーは常に残圧計を確認する必要がある。

ついに磯歩きデビュー

ノンダイバーにとって磯は海のすべて

本書の最初のほうにも書いたとおり、私は水泳を除くすべての運動が超苦手です。普通に歩くことすら苦手です。重いダイビング器材を背負って足場の悪い磯を歩くのも、もちろん苦手でよく転びます。Ｃカード取得以来、ダイビングでのエントリー・エキジット時に磯やゴロタで転んで膝３ヶ所と左足首の計４ヶ所の靭帯、さらに左膝半月板を損傷しました。ダイビング器材を背負えないのでギブスをはめたまま水深30㎝スノーケリングをやったことも何度もあります。それらを乗り越えて35年以上ダイビングを続けてきた私ですが、２０１９年の冬、エキジットの際に転んだ時のケガが原因で足の大手術をすることになり、とうとう執刀医から「今後は重いものを持つな背負うな」と宣告されてしまいました。以来ダイビング時はガイドさんに器材を海まで運んでいただいて、水面で器材の脱着を行う、いわゆる殿様ダイビングをするようになりました。私は生物学的にはメスなので、正確にはお姫様ダイビングです。要介護ダイビングと言ってもいいかもしれません。もちろんガイドさんは皆さん「大丈夫、僕にまかせて」とイヤな顔ひとつせずに私の器材を運んでくれますが、そうはいってもダイビング器材は陸上では重いのです。ダイビングしない方のために書いておくと、タンクと器材でかるく20kgを超えます。これを運んでもらうのはガイドさんに申し訳なく……。

そんな折、NPOの開催するウミウシカフェで「私まだ海でウミウシを見たことがないんです」と発言した人がいました。そこにいた10人ほどの参加者が皆驚いた顔をしていると、発言者のイラストレーター、浅見星月（通称どりふ）さんが続けて言うには「少しだけ水族館で見たことあるんですけど……やっぱりダイビングしないとウミウシを見ることってできないの？」

この発言を聞いたカフェの参加者は口々に、

「だったらダイビング、始めたら？　お勧めのスクールを紹介するよ」「でも、いきなりライセンスを取得するのってハードルが高いかも」「泳げるの？」「体験ダイビングはどうかな？」「スノーケリングでも見られるよ」「まずは磯から始めては？」「ウミウシって磯でも見られるんだよ」「私たちと一緒に磯歩き、行こう！」

磯歩きとは文字通り磯＝岩の多い海岸線を歩き回り、ここぞと思った潮だまり（海水が引き切らずに残っているところ）の石の下などを覗き込んで、さまざまな生き物（本書ではウミウシ）

を探すこと。磯歩きの最大のメリットは長靴または運動靴と軍手があれば始められる気軽さにあります。ダイビングのように専用器材も必要なければ講習を受ける必要もなく、子供でも年配の方でも参加できます。ノンダイバーにとって磯は海のすべてといっても過言ではなく、私自身も人生初の海体験をした場所は小学生の頃に祖父に連れられて行った和歌山の浜と磯でした。ただ私の場合、『ウミウシガイドブック』と『本州のウミウシ』の編集・執筆を通じて多くのウミウシ友と知り合った後ですら、山田久子さん・今本淳さんと磯の潮だまりで水深30㎝スノーケリングはしても、磯歩きはなんとなく避けてきました。というのも、歩くのすら苦手なほどのどんくささ、のみならず職業病の腰痛と頚椎症のため、しゃがみ込んで石の下を覗き込む姿勢がとにかくつらい。同じつらい思いをするのならダイビングしたい。

しかしNPOの会員が磯歩きに行きたいと言い出したのです。理事長がそれを無視するわけにはいきません。ならば、これを機会に私自身も磯に進出（？）するのもいいかもしれない。磯歩きならとりあえず重いものを背負わなくて済むし（しゃがむけど）。

NPO初の磯ウミウシ観察会の開催は、そんな具合にして決まったのでした。ときは2022年10月、ところは神奈川県葉山の芝崎海岸（図77）。三浦半島の西側付け根にある、昭和天皇もウミウシの観察に通われた、磯ウミウシウォッチャーの聖地です。

磯歩きならではの面白さ発見

磯にはいつでも行けますが、潮が引けば引いただけ濡れずに歩き回れる範囲が広がります。だから磯歩きするなら大潮の日の最も潮の引く時間をはさんだ前後1時間、前後2時間ほどがねらい目です。

磯観察会では、ダイビングでは経験したことのなかった、さまざまな発見がありました。

どりふさんなどノンダイバーの参加者は「ウミウシってこんなに小さかったんですね！　どれも5㎝くらいあるとばっかり思ってました」。一方、水中では陸上よりものが約1・3倍大きく見えるため、初めて

図77：神奈川県葉山の芝崎海岸

陸でウミウシを見たダイバーも実物の小ささに改めて驚いた様子。

見つけたウミウシを瓶に入れて、ウミウシのB面をじっくり観察できるのも磯歩きならではの楽しみです。それに加えて、磯歩きにはダイビングでは得られない楽しみがありました。それは一緒に磯に行った仲間といつでも好きな時に話せること（図78A）。

「ウミウシがいた！」と言うと、皆が顔をあげて「見せて」と集まってきます。「何て名前のウミウシ？」「どこにいたの？」「小さいね！」「どうやって見つけたの？」「いいなー」「私も見つけたい」などひとしきり話した後はまた三々五々に散らばって、思い思いの場所でウミウシ探し再開。しばらくして誰かが顔を上げて「ウミウシみたいなものを見つけたんだけど、これ何？」と言うと、「どれどれ？」とまた集まってきて、「あ〜これはウミウシじゃないよ」「じゃあ何？」「これはナマコの子」「えっナマコ？」「頭に触角がないでしょ」「ほんとだ！」「それに鰓もない」などとひとしきり話をしてはまた散らばって……。疲れたら座り込むのもアリです。心地よい潮風に吹かれたり、太陽に背中を温めてもらったりして、海辺そのものも楽しめます。思い思いに過ごしているうちに潮がゆっくりと満ち始め、和やかな時間が終わりに近づいていきます。

見つけたウミウシは最後にひとまとめにしてバッドに広げて全員で観察（図78B）。その後

図78：芝崎海岸での磯歩き風景。A. 近くにいる人どうし声をかけながら　B. 採集したウミウシをバットに広げて観察。種数をカウントしたり観察したりした後は海に返す　C. 磯歩きスタート前に探し方をレクチャーするほやさん。「岩の裏をよく見てください。水が少しだけ盛り上がって見えるところにウミウシがいます」 D. 2023年秋の観察会での記念写真

海に戻して磯歩き会は終了。

「ウミウシの実物が見られてうれしい！」「子供と一緒に参加できてよかった！」「ウミウシが10種以上見られた！」と好評でした。

2回目からは磯観察の達人、通称「海遊びのほや」さんが参加（図78C）、彼のレクチャーを受けて皆さんウミウシの探し方がうまくなりました。今では春と秋の年2回、芝崎海岸でのウミウシ観察会を開催しています（図78D）。

磯のウミウシはウミウシ界のヒーロー

最後にもうひとつ、磯歩きならではの面白さを書いておきましょう。磯で見られるウミウシ相は、より深い水深にいるウミウシ相とはやや異なるのです。

磯には河川が流入し、水深もさほどないため、雨が降ったらすぐ海水が薄まります。少し専門的にいうと塩分濃度が変化しやすい。浅いために気温の影響も受けやすく、朝はひんやり冷たかった海水が午後にはぬるま湯になっていたりします。たとえてみれば、朝は軽井沢の涼しさだったのに午後には灼熱のインドと化した、と思っていたらゲリラ豪雨がきて海水が雨水（淡水）になってしまった……という感じですかね。

どんな過酷な環境でも、ヒトなら衣類で調整できます。しかし服どころか貝殻すらないウミウシは、裸一貫で勝負しないといけません。とはいえ、そんなよろしくない環境を好む生物、つまりライバルはそう多くはありません。過酷な環境に適応できれば、その環境を独占できます。これが磯で見られるウミウシの種数が少ない理由。磯のウミウシは、ある意味ウミウシ界の猛者、英雄[※1]といえるかもしれません。楽に暮らしたい凡人よりも試練に耐えられるヒーローのほうが少ないのは、ヒトもウミウシも同じです。

これからもウミウシと

腰痛[※2]対策を万全にして磯に通ううちに苦手意識は薄れていき、「ウミウシを探す方法が増えた」と思えるようになりました。ダイビングをやめることなど今は思いもよりませんが、いつかダイビングを引退した後もウミウシとつきあえる方法が見つかったのです。これがうれしくないわけがありません。

研究フィールドとしても磯はいいことづくめです。見られる種数は少ないものの個体数は稼げるので、飼育や実験の計画が立てやすいですし、定点観測もしやすいです。ビンボーもとい経済的に余裕のない学生が研究材料を採集に行くにも、磯はダイビングよりお手頃です。などと偉そうなことを書いていますが、今後学生を指導する機会があるかどうかはわかりませんし、そもそも私自身が磯ビギナーで、学生に教えられるほど磯のウミウシに詳しくありません。そのためにも磯のウミウシについて、もっと詳しくなりたいと思います。芝崎海岸以外の磯も歩いてみたいと思います。全国の磯ウミウシウォッチャーの皆さん、情報交換をしませんか？そして芝崎の磯でのウミウシ観察、よければ一緒に行きましょう！

［※1］磯のヒーロー：ヤツミノウミウシ（口絵8図5）やシャクジョウミノウミウシ、アキバミノウミウシやシラツユミノウミウシ（口絵8図6）、オカダウミウシ（口絵4図1）、イロミノウミウシ（口絵5図2）そしてクロシタナシウミウシなど、磯には過酷な環境に耐えられるツワモノが揃う。春ならアメフラシ、アマクサアメフラシ、ミドリアメフラシなどのアメフラシ類がたくさん見られる。

［※2］腰痛対策：胴長を着用し、お風呂用のプラスチック椅子を持参するのが筆者の磯歩き時の腰痛対策。椅子をリュックに入れて磯を歩き、中腰の姿勢に疲れたらその場でお風呂椅子を出して腰かける。乾いた場所まで移動する手間なしに休憩できて、潮風に吹かれてのんびりできる。最高です。

おわりに

文一総合出版の今井悠さんから本書のお話をいただいた際、当初のご提案は「磯でのウミウシ観察の話を書いてください」でした。「い、磯ですか?」と目を白黒させていると、磯歩きの好きなワーキングマザーの今井さんは続けました。「だって、ダイビングしない子供やその親にとって、磯こそが海の生き物への入り口、いや海のすべてなんですよ」。

なるほどたしかにその通りです。それにダイビング人口より磯歩き人口のほうが圧倒的に多く、人口の多い層に向けて書いた本のほうが売れます。たまには売れる本を書いてみたい!

しかしどんなに頑張っても1行も書けず「やっぱり無理です書けません私はダイビングからウミウシに入ったので磯は詳しくなくてどうのこうの」と今井さんに釈明すると、「では中野さんがどうしてウミウシにハマったか、そのあたりから始めたウミウシの本を」という方向に……。そんなわけで個人史半分、ウミウシ話半分という不思議な本ができました。ただし個人史とはいえ私はウミウシウォッチャー第1世代、第1章は1980年代からの日本のウミウシウォッチング史ともリンクします。また、これからウミウシを研究したい方には参考になるかもしれない話も随所にちりばめておいたつもりです。

人生は一度きり！　と思ってやりたいことをやっているうちに、気がつくと世間では定年退職の年齢になっていました。けれど未だやり残したことがたくさんあります。書きかけの論文数本は何としても書き上げたいし、行きたい場所は世界各地にまだ何ヶ所もあります。本書に書ききれなかったことだって、実はたくさんあるのです。ウミウシのうんちのことは書いたのにおしっこのことは書いてないし、孵化後のことは書いたのに孵化前の卵のことは書いてない。調査船に乗って見つけた浮遊ウミウシの話や沖縄本島大浦湾での水中ドローン調査の話、本書を執筆中に受理された論文2本の内容についても詳しく書きたい。

本書が読者の方々の知的好奇心を少しでも満たすことができたらうれしいなあ、年齢や性別ゆえにやりたいことを我慢している方々の足かせのとっぱらいのきっかけになるといいなあ、と思いながら、かつ、続編が書けたらいいなあと思いながら、これにて筆をおきます。またお目にかかれますように（私はしつこいのよ笑）。

2024年秋　中野理枝

参考文献

[和文論文、書籍]

梶川卓郎. 2024. 信長のシェフ. 芳文社コミックス. 24. 186pp.
高橋紘. 1988. 陛下、お尋ね申し上げます―記者会見全記録と人間天皇の軌跡. 文藝春秋. 419pp.
中野理枝. 2011. 高知県大月町西泊地区から記録された後鰓類. Kuroshio Biosphere. 7：1-25. +20pls.
中野理枝. 2012. 高知県大月町西泊地区から記録された後鰓類　補遺. Kuroshio Biosphere. 8：1-15. +3pls.
中野理枝. 2022. かごしま水族館再訪. うみうしらいふ. 52：1-3.
西田和記. 2021. 発生様式からウミウシの飼育下繁殖を考える―ムカデミノウミウシの例―. 季刊うみうし. 7 (4)：2-5.
西田和記. 2024. ウミウシの生態観察図鑑. 食事、飼育記録から繁殖まで知られざる生存戦略を知る. 誠文堂新光社. 224pp.
波部忠重, 奥谷喬司, 西脇三郎（共編）.1994. 軟体動物学概説（上）. サイエンティスト社. 273pp.
波部忠重, 奥谷喬司, 西脇三郎（共編）. 1999. 軟体動物学概説（下）. サイエンティスト社. 321pp.
濱谷厳. 1999. 後鰓類Opistobranchia. 動物系統分類学. 5（下）軟体動物2. 中山書店. 459pp.
林牧子, 深町昌司. 2014. 裸鰓目ウミウシ幼生の飼育の試み. うみうし通信. 84：4-5.
平野義明. 2000. ウミウシ学―海の宝石、その謎を探る. 東海大学出版会. 222pp.
広瀬 もえり, 鈴木 廣志, 山本 智子. 2003. コノハミドリガイの色彩と成長. Venus. 62 (1-2)：55-61.

[翻訳本]

Behrens, D.（著）. 中嶋康裕, 小蕎圭太, 関澤彩眞（訳）. 2019. ウミウシという生き方. 東海大学出版会. 187pp.
Uexküll, J. von., Kriszat, G.（著）. 日高敏隆, 羽田節子（訳）. 2005. 生物から見た世界. 岩波書店. 166pp.
Winston, J. E.（著）. 馬渡峻輔, 柁原宏（訳）. 2008. 種を記載する 一生物学者のための実際的な分類手順. 新井書院. 653pp.

[英文論文、書籍]

Behrens, D. 2005. Nudibranch Behavior. New World Publish Inc. 176pp.
Camacho-García, Y. E. & Gosliner, T. M. 2008. Systematic revision of *Jorunna* Bergh, 1876 (Nudibranchia：Discodorididae) with a morphological phylogenetic analysis. Journal of Molluscan Studies. 74：143-181.
Churchill, C. K. C., Valdés, Á. & Foighil, D. Ó. 2014. Molecular and morphological systematics of neustonic nudibranchs (Mollusca：Gastropoda：Glaucidae：*Glaucus*) , with descriptions of three new cryptic species. Invertebrate Systematics. 28：174–195.
Dorgan, K. M., Valdés, Á. & Gosliner, T. 2002. Phylogenetic systematics of the genus *Platydoris* (Mollusca,Nudibranchia, Doridoidea) with descriptions of six new specie. Zoologica Scripta. 31 (3)：271–319.
Fahey, S. J. & Gosliner, T. M. 2004. A phylogenetic analysis of the Aegiridae Fischer, 1883 (Mollusca, Nudibranchia, Phanerobranchia) with descriptions of eight new species and a reassessment of Phanerobranch relationships. Proceedings of the California Academy of Sciences. 55 (34)：613–689.
Gosliner, T. 1994. Mollusca one. Microscopic Anatomy of Invertebrates. Wiley-Liss. 390pp.
Hamatani, I. 1961. Notes on veligers of Japanese Opisthobranchs 3. Publications of the Seto Marine Biological Laboratory. 9 (1)：67-79.
Guiart, J. 1901.Contribution à l'étude des Gastéropodes, Opisthobranches et en particulier des Céphalaspides. Mémoires de la Société zoologique de France. 219pp+7pls.
Hirano, Y, J., Trowbridge, C. D. & Hirano, Y. M. 2013. Endophytophagy-a Remarkable Feeding Mode. Venus. 71 (3-4)：212-216.
Krug, P., Vendetti, J. & Valdés, Á. 2016. Molecular and morphological systematics of *Elysia* Risso, 1818 (Heterobranchia：Sacoglossa) from the Caribbean region. Zootaxa. 4148 (1)：001–137.
Lalliy, C. & Gilmer, R. 1989. Pelagic Snails：The Biology of Holoplanktonic Gastropod Mollusks. Stanford University Press. 276pp.
Mitoh, S. & Yusa, Y, 2021. Extreme autotomy and whole-body regeneration in photosynthetic sea slugs. Current Biology. 31 (5)：233-234.
Nakano, R., Uochi. J., Fujita,T. & Hirose,E. 2011. *Kaling ornata* Alder & Hancock, 1864 (Nudibranchia：Polyceridae)：A unique case of Seaslug feeding on Echinoderms. Journal of Molluscan Studies. 77：413–416.
Nakano, R., Tanaka K., Dewa, S., Takasaki, K. & Ono, A. 2007. Field Observations on the Feeding of the Nudibranch *Gymnodoris* spp. in Japan. The Veliger. 49 (2)：91-96.

Nakano, R. & Hirose, E. 2011. Field experiments on the feeding of the nudibranch *Gymnodoris* spp. (Nudibranchia：Doridina：Gymnodorididae) in Japan. The Veliger. 51 (2)：66-75.
Paul, V, J. & Pennings, S, C. 1991. Diet-derived chemical defenses in the sea hare *Stylocheilus longieauda* (Quoy et Gaimard 1824) . Journal of Experimental Marine Biology and Ecology. 151：227-243.
Putz, A., Michiels, N. K. & Anthes, N. 2008. Mating Behaviour of the Sperm Trading Sea Slug *Chelidonura hirundinina*：Repeated Sex Role Alternation Balances Reciprocity. Ethology. 114：85-94.
Schlesinger, A., Goldshmid, R., HadWeld, M. G., Kramarsky-Winter. S. & Loya, Y. 2009. Laboratory culture of the aeolid nudibranch *Spurilla neapolitana* (Mollusca, Opisthobranchia)：life history aspects. Marine Biology. 156：753-761.
Sekizawa, A. Seki, S., Tokuzato, M., Shiga, S. & Nakashima, Y. 2013. Disposable penis and its replenishment in a simultaneous hermaphrodite. Biological letter. 9：20121150.
Sekizawa, A., Tsurumi, Y., Ito. N. & Nakashima Y. 2021 Another usage of autotomized penis. Journal of Ethology. 39：319-328.
Thompson, T. E. & Mcfarlane, I. D. 1967. Observations on a collection of *Glaucus* from the Gulf of Aden with a critical review of published records of Glaucidae (Gastropoda, Opisthobranchia) . Proceedings Linnean Society London. 178 (2)：107–123.
Todd, C. D. 1979. The population ecology of *Onchidoris bilamellata* (L.) (Gastropoda：Nudibranchia) . Journal of Experimental Marine Biology and Ecology. 41 (3)：213-255.
Valdés, Á. Gosliner, T. & Ghiselin, M. 2008. Opisthobranchs. in The Evolution of Primary Sexual Characters in Animals. Oxford University Press.148-172.
Young, D. K. 1969. The Functional Morphology of the Feeding Apparatus of some Indo-West Pacific Dorid Nudibranchs. Malacologia. 9 (2)：421-446.
White, A.T., Alino, P. M., Cros, A., Fatan, N. A., Green, A. L., Teoh, S. J., Laroya, L., Peterson, N., Tan, S., Tighe, S., Venegas-Li, R., Walton, A. & Wen, W. 2014. Marine Protected Areas in the Coral Triangle. Coastal Management. 42：87–106.

[参考ウェブサイト]

・Rudman, B. The Sea Slug Forum. http://www.seaslugforum.net.
・Rudman, B. 1999. Eggs of *Glaucus* and *Glaucilla*. in The Sea Slug Forum. http://www.seaslugforum.net/find/867.
・Rudman, B. 1999. *Kalinga ornata*. in The Sea Slug Forum. http://www.seaslugforum.net/find/kaliorna.

[おすすめの教科書]

専門的に勉強したい方には、参考文献の欄に掲載した『軟体動物学概説』上下巻、『動物系統分類学.5（下）軟体動物2』、『Microscopic Anatomy of Invertebrates』の3冊と以下の4冊をお勧めします。

・中野理枝. 2019. ネイチャーガイド日本のウミウシ 第2版. 文一総合出版. 544pp.
・Rudman, B. 1998. Mollusca - The Southern Synthesis. Csiro Publishing. 563pp.
・Thompson, T. 1976. The Biology of Opisthobranch Molluscs 1. Ray Society. 205pp.
・Thompson, T. & Brown, G. 1986. The Biology of Opisthobranch Molluscs 2. Ray Society. 280pp.

一般の方にお勧めなのは平野先生の『ウミウシ学』と、ベーレンスさん著・中嶋先生ら訳の『ウミウシという生き方』。図鑑は以下の拙著がハンディでお勧めです。

・中野理枝. 2019. フィールドガイド日本のウミウシ. 文一総合出版。144pp.

以下の拙著は文章やさしく・写真いっぱいで、小学校高学年以上の子供たちや、お父さんお母さんがお子さんと一緒に読めるように書いてみました。はじめの1冊としてお勧め。

・中野理枝. 2018. へんな海のいきもの　うみうしさん. マガジン・マガジン. 128pp.

[NPO法人の活動をもとに執筆した論文]

中野理枝, 松田早代子. 2016. 高知県一切において採集したゼニガタフシエラガイ属ウミウシ（腹足綱：後鰓下綱）*Pleurobranchus mamillatus* Quoy & Gaimard, 1832 の報告と和名の提唱. ちりぼたん. 46（3・4）: 132-136.

中野理枝, 小谷光. 2016. 高知県大月町樫西海域及び一切海域から記録された後鰓類. Kuroshio Biosphere. 12 : 21-43. + 8pls.

中野理枝, 朝倉知子, 池田紫, 石川雅教, 今本淳, 岩瀬南美, 西田和記, 堀江諒, 山田久子, 渡井久美. 2017. 奄美大島北部海域における後鰓類相の調査報告. Kuroshio Biosphere. 13 : 41-60. +5pls.

[写真集]

今本さんのウミウシ写真集3部作の第1作『ウミウシ―不思議ないきもの』は、世に多くのウミウシファンを生んだ不朽の名作。水中写真家・鍵井靖章さんの『Sunday Morning』はウミウシのいる海を感じられる、いつまでも眺めていられる1冊です。

・今本淳. 2007. ウミウシ―不思議ないきもの. 二見書房. 95pp.
・鍵井靖章（写真）, 中野理枝（文）. 2019. Sunday Morning ウミウシのいる休日. 文一総合出版. 107pp.
・中野理枝（監修）. 2017. 世界の美しいウミウシ. パイ・インターナショナル. 192pp.

謝辞

本書の執筆と出版に際しては多くの方々のお世話になりました。まず文一総合出版の編集者、今井悠さん。本書の執筆機会を作ってくださっただけでなく、大阪で一人暮らしをする母の家と東京の自宅を行ったり来たり、かつウミウシツアーやセミナー開催のため日本各地や海外に出かけるために留守が多く、さらに論文執筆にかかりきりで1年近く本書執筆に着手できなかった、そんな私に今井さんは企画の段階から3年もの間、辛抱強くつきあってくださいました。心から感謝します。ありがとうございました。

イラストレーターの田端重彦さん、デザイナーの木寺梓さん。素敵な本にしてくださって嬉しいです。制作をお手伝いくださった、いいだかずみさん、越後真由美さん、志水謙祐さん。アドバイスと激励をくださった、仕事仲間にして友人の渡井久美さん。写真をご提供くださった皆さん。ダンナ氏。帯に大推薦文を書いてくださった、写真家の中村征夫さん。そして営業や取次や書店で本の販売に関わってくださったすべての皆さん。ありがとうございました。

ウミウシ仲間、大学・大学院や博物館の先生がた、研究の大先輩や先輩や同期や後輩、水族館の皆さん、ダイビングガイドの皆さん、ＮＰＯの会員の皆さん。ウミウシに出会ってからの

30余年、知性と人間的魅力にあふれる多くの人たちと知り合い、助けられて生きてきました。今の私があるのはそんな友人知人のおかげだと心の底から思います。お名前を列挙すると10ページをかるく超えてしまうため、おひとりおひとりのお名前は書きませんが、ここに感謝申し上げます。ありがとうございました。

そして最後に、読者の皆さん。この本を手に取ってくださった皆さんの数時間が有益なものとなりますように。そしてそして、忘れてはならないのが、個性と魅力にあふれたウミウシたち。我が人生を破滅に導いてくれたやつらですが感謝します。特に標本として体（＝命）を提供してくれたウミウシには、海より深い感謝を捧げます。みんなありがとう。無駄にはしないからね。

本書に写真を提供くださった方々&本書の随所に登場した、著者の恩人の方々

飯島美智／池田雄吾（ウミウシハンターズ）／石川雅教／井上なぎさ（スポーツマンクラブMTK）／今本淳／上野大輔（鹿児島大学）／魚住亮輔／魚地司郎（かっちゃまダイビングサービス）／遠藤彩子（ダイビングチーム・クール）／大池哲司／尾花孝司／川上真一／柏尾翔（きしわだ自然資料館）／佐藤智之／社本康裕／潮野理沙／新江の島水族館／関澤彩眞（国立研究開発法人 水産研究・教育機構）／竹内久雄／田中幸太郎（コンカラー）／対間大将（マリンステージ串本）／綱川宏二／出羽慎一（ダイビングサービス海案内）／平野雅士／細谷克子／松田早代子（スクーバハウスK's）／三藤清香（奈良女子大学）／目﨑拓真（公益財団法人黒潮生物研究所）／山田久子／Angel Valdes（California Polytechnic State University, Pomona）／Gordon Tillen（五十音順・敬称略）

田中幸太郎くんと、八丈島〈コンカラー〉にて

出羽慎一くんと、高田馬場時代の『ダイバー』編集部にて

神田優くんと、新橋の居酒屋にて。右は故ジャック・モイヤーさん

渡井久美さん（右）・石川雅教さんファミリーと、東京海洋大学のキャンパスにて

山下慎吾くんと、黒潮生物研究所の宿泊棟にて

山田久子さんと、八丈島〈コンカラー〉にて

〈スクーバハウス K's〉の松田早代子さん（中）・中山進さんと、琉球大学大学院院生時代の沖縄の拙宅にて

関澤彩眞さんと、大阪のビヤホールにて

柏尾翔さんと、日本貝類学会平成 28 年度大会の懇親会会場にて

中野理枝 なかのりえ

1983年3月早稲田大学卒。1987年10月ダイビングのCカードを取得。1989年8月広告代理店を退職し、フリーランスライターに。2007年4月琉球大学大学院 理工学研究科 博士前期課程に進学。2013年3月同大学院博士後期課程修了。博士（理学）。2025年現在、公益財団法人黒潮生物研究所客員研究員・NPO法人全日本ウミウシ連絡協議会理事長。

- 論文などの研究業績や上梓した書籍などについては：
  https://rienakano.sakura.ne.jp/
- NPO 法人の活動については：
  https://ajoa.sakura.ne.jp/
  http://www.ajoa.jp/

Staff

編集：今井 悠
デザイン：木寺 梓（細山田デザイン事務所）
イラスト：田端 重彦（Panari*Design）
制作協力：いいだ かずみ、越後 真由美、志水 謙祐

ウミウシを食べてみた

2025 年 1 月 23 日　初版第 1 刷発行

著者　中野 理枝
発行者　斉藤 博
発行所　株式会社 文一総合出版
〒 102-0074　東京都千代田区九段南 3-2-5 ハトヤ九段ビル 4 階
tel. 03-6261-4105
fax. 03-6261-4236
URL:https://www.bun-ichi.co.jp/
振替　00120-5-42149
印刷　奥村印刷株式会社

ISBN978-4-8299-7257-1　128×188mm　280P　NDC484　Printed in Japan